Beata Fornal-Pieniak

Ekspertyzy szaty roślinnej - wybrane przykłady

Beata Fornal-Pieniak

Ekspertyzy szaty roślinnej - wybrane przykłady

Tereny miejskie i wiejskie

Wydawnictwo Bezkresy Wiedzy

Impressum / Imprint
Bibliografische Information der Deutschen Nationalbibliothek: Die Deutsche Nationalbibliothek verzeichnet diese Publikation in der Deutschen Nationalbibliografie; detaillierte bibliografische Daten sind im Internet über http://dnb.d-nb.de abrufbar.
Alle in diesem Buch genannten Marken und Produktnamen unterliegen warenzeichen-, marken- oder patentrechtlichem Schutz bzw. sind Warenzeichen oder eingetragene Warenzeichen der jeweiligen Inhaber. Die Wiedergabe von Marken, Produktnamen, Gebrauchsnamen, Handelsnamen, Warenbezeichnungen u.s.w. in diesem Werk berechtigt auch ohne besondere Kennzeichnung nicht zu der Annahme, dass solche Namen im Sinne der Warenzeichen- und Markenschutzgesetzgebung als frei zu betrachten wären und daher von jedermann benutzt werden dürften.

Informacja bibliograficzna Niemieckiej Biblioteki Narodowej: Niemiecka Biblioteka Narodowa rejestruje tę publikację w Niemieckiej Bibliografii Narodowej; szczegółowe informacje bibliograficzne dostępne są w Internecie na stronie http://dnb.d-nb.de.
Wszelkie nazwy znaków firmowych i nazwy produktów wymienione w niniejszej publikacji podlegają prawu ochrony własności przemysłowej i stanowią znaki towarowe lub zarejestrowane znaki towarowe należące do ich właścicieli. Przez fakt użycia nazw znaków firmowych, nazw produktów, nazw zwyczajowych, nazw handlowych, opisów produktów itp., nawet bez dokładnego ich oznaczenia, nie należy rozumieć, że nazwy te nie są objęte prawem ochrony własności przemysłowej i że mogą być wykorzystywane bez ograniczeń.

Coverbild / Okładka: www.ingimage.com

Verlag / Wydawnictwo:
Wydawnictwo Bezkresy Wiedzy
ist ein Imprint der / jest znakiem handlowym
OmniScriptum GmbH & Co. KG
Bahnhofstraße 28, 66111 Saarbrücken, Deutschland / Niemcy
Email: info@bezkresywiedzy.com

Herstellung: siehe letzte Seite /
Druk: patrz ostatnia strona
ISBN: 978-3-639-88989-5

Beata Fornal-Pieniak

Ekspertyzy szaty roślinnej – wybrane przykłady

Vegetation expertises – selected examples

Pod redakcją: dr inż. Beaty Fornal-Pieniak

Recenzja naukowa i wydawnicza: dr inż. Karol Wojciech Chyliński Specjalista ds. Zieleni w Warszawie.

Spis treści

Wprowadzenie

Szata roślinna stanowi bardzo ważny element w krajobrazie rolniczym, jak i zurbanizowanym. W celu realizacji różnych działań, związanych z utworzeniem nowych form ochrony, bądź podjęciem decyzji związanych z nowymi inwestycjami planistycznymi należy rozpoznać istniejący stan roślinności. W tym celu wykonuję się badani terenowe, które obejmują wykonanie zdjęć fitosocjologicznych wg metody Braun-Blanquet. Następnym etapem jest określenie zbiorowisk roślinnych wg klasyfikacji syntaksonomicznej Matuszkiewicz (2012). Kolejne analizy szaty roślinnej zależą od głównego celu badań, tzn. czy chcemy określić stopień przekształcenia szaty roślinnej, czy wyznaczyć obszary z roślinnością atrakcyjną i przydatną dla potrzeb turystyki i rekreacji lub zaprojektować ogród przydomowy.

W niniejszym opracowaniu przedstawiono przekładowe ekspertyzy szaty roślinnej.

Recenzję naukową wykonał dr inż. Wojciech Karol Chyliński,

Introduction

Vegetation is a very important element in the agricultural and urban landscapes In order to implement various measures related to the creation of new forms of protection, or taking decisions related to planning new investments should recognize the existing state of vegetation. For this purpose, I am doing a field study which involve phytosociological records by the method of Braun-Blanquet. The next step is to determine plant communities by classification syntaxonomical Matuszkiewicz (2012). Further analysis of vegetation depend on the main purpose of research, ie. If we want to determine the degree of conversion of vegetation, or designate areas with vegetation attractive or useful for tourism and recreation, etc. This paper is presented examples of vegetation expertise.

Ekspertyza 1: Ocena walorów szaty roślinnej Kanału Bródnowskiego dla potrzeb rekreacji

(autorzy: Beata Fornal-Pieniak, Agata Stępniewska)

Celem opracowani jest rozpoznanie i określenie walorów roślinności Kanału Bródnowskiego

Metodyka

Inwentaryzacja dendrologiczna wraz z oceną drzewostanu

W ramach inwentaryzacji dendrologicznej rozpoznano gatunki drzew znajdujące się na terenie opracowania, wraz z ich lokalizacją i obwodem pnia mierzonym na wysokości 130 cm. Autorka pracy oceniła także stan zdrowotny każdego drzewa, posługując się 3 stopniową skalą. Symbol (+) oznacza stan dobry, drzewo bez oznak chorób, o dobrej statyce, nie wymagające dodatkowych zabiegów pielęgnacyjnych (+/-) stan średni, drzewo z oznakami chorób lub szkodników, z posuszem do 30%, wymagające zabiegów pielęgnacyjnych polegających na cięciu lub opryskach (-) stan zły, drzewo o silnych oznakach chorobowych, zdeformowane konary, zaburzona statyka, posusz ponad 30%, drzewo kwalifikuje się do wycięcia.

Analiza zbiorowisk roślinnych- zdjęcia fitosocjologiczne (metoda Brauna Blanqueta)

Metoda zdjęć fitosocjologicznych Brauna-Blanqueta polega na klasyfikacji zbiorowisk roślinnych. Wykonane zdjęcia posłużyły do opracowania mapy roślinności rzeczywistej badanego terenu.

W celu określenia zbiorowisk roślinnych wykonanych zostało 49 zdjęć fitosocjologicznych, każde o powierzchni 25 m2. Miejsca wykonania zdjęć zostały wybrane tak by określone zbiorowiska reprezentowały poszczególne większe płaty roślinności na analizowanym terenie. Dla skarpy Kanału został wykonany szereg zdjęć fitosocjologicznych w transekcie, względem odległości od ulic: Toruńskiej od strony północnej i Malborskiej od południowej granicy terenu. Z uwagi na rzadki drzewostan zdjęcia obejmowały tylko warstwę zielną- C.

W każdym zdjęciu zostały określone:

- tymczasowa nazwa zespołu;
- wykaz roślin występujących na terenie (nazwa łacińska i polska) wraz ze stopniem ilościowości zgodnie ze skalą:

Skala ilościowości

5 - pokrywanie więcej niż 75% powierzchni zdjęcia

4 - pokrywanie 50 - 75 % powierzchni zdjęcia

3 - pokrywanie 25 - 50 % powierzchni zdjęcia

2 - pokrywanie 5 - 25 % powierzchni zdjęcia

1 - 5 do 50 okazów, pokrywanie nie przekracza 5 % powierzchni zdjęcia

+ - pokrywanie nieznaczne, do 5 okazów

r - 1 okaz, pokrywanie znikome.

- stałość fitosocjologiczna w pięciostopniowej skali

I - 1-20 % wystąpień

II - 21-40 %

III - 41-60 %

IV - 61-80 %

V - 81-100 %

Metodologia oceny i waloryzacji krajobrazów zurbanizowanych

Zagadnienie dotyczące waloryzacji jest szeroko omawiane w wielu publikacjach i informacje na jej temat odnaleźć można u różnych autorów (Bartkowski 1986, Richling 1992, Janeczko 2011 i in.). Podstawowa definicja waloryzacji przestrzeni to ocena jej przydatności dla realizacji określonych celów. W zależności od przedmiotu oceny może mieć ona charakter ilościowy- ocena walorów środowiska przy użyciu skal liczbowych, bonitacyjnych i wartościujących, jak i jakościowy- ocena słowna. Poprzez porównanie uzyskanych ocen otrzymuje się uproszczony obraz rzeczywistości, który pomaga w dokonaniu odpowiednich wyborów (Krzymowska-Kostrowicka 1999).

Tematyką oceny krajobrazu dla potrzeb rekreacji zajmowano się już przed II wojną światową. Do jednej z pierwszych należy ocena walorów rekreacyjnych Podhala na potrzeby planu regionalnego, wykonana przez Leszczyckiego (1938). W latach 60 XX wieku powodzeniem cieszyły się waloryzacje oparte na takich kryteriach jak rzeźba terenu, wody powierzchniowe oraz lasy. Przykładem jest ocena atrakcyjności dla potrzeb wypoczynku Niziny Wielkopolskiej wykonana przez Bartkowskiego (1961). W latach 70 zaczęto waloryzować krajobraz pod względem pojemności rekreacyjnej. Zagadnienie to zostało omówione w pracach Marsza (1972). Metoda polegała na analizie odporności różnych siedlisk roślinnych na wydeptywanie i wygniatanie, na jej podstawie określano chłonność turystyczną badanej przestrzeni. Temat ten był później rozwijany w licznych publikacjach (Skalski 1970, Bartkowski 1987) i wzbudzał niemałe kontrowersje, związane przede wszystkim z praktycznym zastosowaniem wyników oceny, które nie uwzględniały wpływu innych czynników, przede wszystkim pochodzenia antropogenicznego, niż wydeptywanie (Pawlaczyk 2002).

Obecnie istnieje dużo metod waloryzacji przestrzeni wykorzystywanych do rekreacji. Dostosowane do szerokiej gamy potrzeb różnią się przyjmowanymi kryteriami oceny, złożonością oraz sposobem wykonania. Popularniejsze metody służące waloryzacji krajobrazu dla potrzeb rekreacji zostały zestawione w tabeli poniżej, są to oceny skupiające się przede wszystkim na wartościach wizualnych: SBE, Krzywa wrażeń Wehcherta, metoda jednostek i wnętrz architektoniczno-krajobrazowych Bogdanowskiego, metoda Wojciechowskiego oraz wartościach przyrodniczych i krajobrazowych: metoda linii prostych Janickiego, metoda WNET i zdjęć fitosocjologicznych Brauna-Blanquet.

Tabela 1 Zestawienie metod waloryzacji wykonywanych dla potrzeb rekreacji.

Nazwa metody i jej autor	Kryterium oceny					Przedmiot oceny	Technika oceny	Wynik (przydatność oceny)
	Atrakcyjność wizualna	Ukształtowanie	Pokrycie	Wartości historyczne	Poczucie bezpieczeństwa			
SBE- Scenic Beauty Estimation, Daniel i Booster (1976)						rzeczywistość-zdjęcia	bonitacja jakościowa	wartości wizualne terenu
Krzywej wrażeń						rzeczywistość-	bonitacja	wartości wizualne

Wejcherta (1974)					inwentaryzacja terenu	jakościowa	terenu
Linii prostych, Janicki (1981)					model rzeczywistości- zdjęcia lotnicze, plany, mapy	bonitacja ilościowa	wartości krajobrazowe, stopień przekształcenia krajobrazu,
Jednostek i wnętrz architektoniczno- krajobrazowych, Bogdanowski (1994)					rzeczywistość- zdjęcia i model rzeczywistości- mapy, plany	bonitacja jakościowa	wartości wizualne - wytyczne do zagospodarowania
WNET- Wykorzystująca Naturalne Elementy Krajobrazu Cymerman i Koc (1993)					rzeczywistość- inwentaryzacja i model rzeczywistości- mapy, plany	bonitacja ilościowa	wartości przyrodnicze i krajobrazowe terenu
Wojciechowskiego (1986)					rzeczywistość- inwentaryzacja i model rzeczywistości- mapy, plany	bonitacja jakościowa	wartości wizualne terenu
Zdjęć					rzeczywistość-	bonitacja	rozpoznanie

fitosocjologicznych Braun-Blanqueta						inwentaryzacja	ilościowa	zbiorowisk roślinnych i stopnia synantropizacji
Oceny znaczenia krajobrazowego dominanty krajobrazowej, Żarska (2005)						rzeczywistość-inwentaryzacja	bonitacja jakościowa	wytyczne do poprawy i kształtowania powiązań widokowych

Do oceny atrakcyjności terenu dla rekreacji posłużono się metodą WNET określającą wartość krajobrazowo-przyrodniczą terenu oraz metodą SBE, która pozwala ocenić jego atrakcyjność wizualną.

Metoda WNET opiera się na założeniu, że im więcej elementów naturalnych lub zbliżonych do naturalnych występuje w terenie tym ma on wyższe walory krajobrazowe i ekologiczne. Zgodnie z założeniami metody zbadano ilość elementów naturalnych lub zbliżonych do naturalnych występujących na analizowanym terenie. Wybór elementów poddanych badaniu był wzorowany na przykładach podanych przez Cymermana i Koca (1993) i dotyczył takich cech jak: szata roślinna i występowanie terenów otwartych w tym:

- występowanie grup drzew, szpalerów o wysokich lub średnich walorach przyrodniczo-krajobrazowych;
- występowanie drzew o charakterze pomnikowym lub soliterów o wysokich walorach przyrodniczo-krajobrazowych;
- występowanie rzadkiego, dla terenów nad Kanałem, zespołu roślinnego;
- procent linii brzegowej graniczącej z terenami otwartymi.

Część cech odrzucono ze względu na ich brak w terenie lub brak możliwości uzyskania danych do wykonania obliczeń.

Druga zastosowana do oceny terenu to Scenic Beauty Estimation jest to metoda oceny wartości estetycznych terenu na podstawie jego zdjęć. Badany teren dzieli się na mniejsze jednostki terytorialne, dla których wykonywane są zdjęcia. Zdjęcia są poddawane ocenione w 10-punktowej skali, przez reprezentatywną grupę osób. Otrzymane wyniki są następnie standaryzowane według wzoru:

$z_{ji} = (R_{ji} - R_j)/s_j$

z_{ji} - wystandaryzowany wynik dla i-tej oceny obserwatora j

R_j - średnia wszystkich ocen obserwatora j

R_{ji} - i-ta ocena obserwatora j

s_j - odchylenie standardowe wszystkich ocen obserwatora j

Wydzielone jednostki są porównane pod względem swoich wartości estetycznych (Daniel, Boster 1976). Badanie zostanie przeprowadzone na grupie 30 osób. Z uwagi na jego, którym jest wybranie terenu o jak najwyższym potencjale rekreacyjnym, do oceny zdjęć poproszone zostały osoby zajmujące się kształtowaniem krajobrazu. Taki skład grupy oceni prezentowany krajobraz zarówno pod względem jego obecnych wartości estetycznych oraz możliwości wykorzystania rekreacyjnego.

Lokalizacja i krótka charakterystyka Kanału Bródnowskiego

Kanał Bródnowski znajduje się w Warszawie. Jest to sztuczny ciek wodnym, który został wybudowany w latach 30 ub. wieku. w dawnym korycie rzeki Brodni. Kanał ma długość 10,94 km, jego początek znajduje się na terenie dzielnicy Rembertów (0,7 km długości), następnie przepływa on przez dzielnice Targówek (7,6 km długości) i kończy się ujściem do Kanału Żeromskiego w dzielnicy Białołęka (3,6 km długości) (http://pl.wikipedia.org/wiki/Kana%C5%82_Br%C3%B3).

Główną funkcją Kanału była melioracja terenów przez które przepływał, ale w dużej mierze straciła ona znaczenie w latach 70-dziesiątych XX w. gdy nastąpił silny rozwój osiedli mieszkaniowych. Obecnie podstawowym zadaniem cieku jest zbieranie wód deszczowych i odprowadzanie ich do Kanału Żerańskiego. Kanał charakteryzuje się zmienną szerokością, najwęższy jest na terenie dzielnicy Rembertów, jego szerokość liczona od górnych krawędzi skarp wynosi od 3 do 6 m. Na terenie Targówka jest to od 6 do 16m, na terenie Białołęki szerokość sięga około 20 m. Obecnie stan Kanału nie jest dobry. Przez trwające latami zaniedbania i brak prac konserwatorskich jego koryto uległo spłyceniu, zmniejszyła się także szybkość przepływu wody, w miesiącach letnich woda prawie stoi w miejscu. Do złego stanu cieku przyczynili się również mieszkańcy, którzy wrzucają do niego śmieci. Zdarza się, że z domów jednorodzinnych do Kanału odprowadzane jest szambo. Problemy z utrzymaniem Kanału wynikają również z braku odpowiednich regulacji prawnych. Dopiero od 2009 roku został on włączony do majątku Miejskiego Przedsiębiorstwa Wodociągów i Kanalizacji, zgodnie z decyzjami administracyjnymi jego utrzymanie należy do obowiązków Przedsiębiorstwa. Do 2009 roku za stan Kanału odpowiadała specjalnie powołana Spółka

Wodna Niziny Kanału Bródnowskiego, która niestety z różnych przyczyn nie wykonywała swoich celów statutowych (http://urzad.targowek.waw.pl/page/index.php).

Badania przeprowadzone w latach 2008, 2010-2012 przez Wojewódzki Inspektorat Ochrony Środowiska w Warszawie, wykazały zły stan ogólny wód w Kanale. Wyniki te są szczególnie alarmujące z uwagi na występowanie obszarów chronionych wrażliwych na eutorofizację wywołaną zanieczyszczeniami komunalnymi. Porównując dane z 2008 roku z danymi z lat 2010-2012 widoczna jest znaczna zmiana w ocenach elementów biologicznych, których ilość z poziomu bardzo dobrego podniosła się osiągając poziom słaby. Pozytywnym zjawiskiem jest za to duża poprawa stanu chemicznego Kanału (Tab. 1.). Prawdopodobnie jest to skutek przeprowadzonych w 2010 roku prac które objęły poza oczyszczeniem dna także umacniania brzegów faszyną, profilowanie skarpy, wykaszanie porostów oraz likwidację przetamowań (http://warszawa.gazeta.pl/warszawa/1,34889,7865757,Wielki_re).

Tabela 2. Ocena stanu wody w Kanale Bródnowskim

Nazwa oceny	Wynik dla Kanału Bródnowskiego	
	2008	2010-2012
Ocena Elementów biologicznych	I	IV
Ocena Elementy Fizykochemiczne	poniżej stanu/potencjału dobrego	poniżej stanu/potencjału dobrego
Ocena Substancje szczeg. szkodl.	brak przekroczeń	0
Elementy hydromorfologiczne	0	II
Stan/potencjał ekologiczny	III	IV
Stan chemiczny	V	II (dane z 2010 r.)

(autor: Beta Fornal-Pieniak, Agata Stępniewska na podstawie Monitoring rzek w 2008 r. i w latach 2010-2012)

Klasa I- stan bardzo dobry

Klasa II- stan dobry

Klasa III- stan umiarkowany

Klasa IV- stan słaby

Klasa V- stan zły

0- brak danych

Zaskakującym faktem zważywszy na tak zły stan wody w Kanale jest obecność pijawek, których występowanie charakteryzuje wody o I klasie czystości. Poza pijawkami żyją w nim ryby, żaby, a nawet bobry. Widok tych ostatnich jest jednak coraz rzadszy, ze względu na wyrządzane przez nie szkody. Budowane przez te zwierzęta liczne tamy na terenie Targówka Fabrycznego powodowały zalewanie terenów znajdujących się nad Kanałem. Aby temu zaradzić w kwietniu 2013 roku Regionalny Dyrektor Ochrony Środowiska w Warszawie podpisał zarządzenie w sprawie zezwolenia na odłów bobrów i przeniesienie ich w inne miejsce (http://www.warszawa.rdos.gov.pl/index). Poza bobrami na brzegach Kanału można zaobserwować ślady żerowania dzików. Jednak największą atrakcją dla mieszkańców są liczne stada kaczek które przebywają nad Kanałem cały rok.

Ryc. 1. Ślady żerowania bobrów nad Kanałem Bródnowskim- teren przy Centrum Handlowym Targówek

Podział terenów na jednostki krajobrazowo-przestrzenne nad Kanałem Bródnowskim

Punktem wyjścia do wykonania oceny wartościującej krajobraz jest regionalizacja badanego terenu, czyli wyznaczenie obszarów jednorodnych pod względem wartości krajobrazowych. Przed przystąpieniem do strefowania (regionalizacji) należy określić jego cel, ponieważ determinuje on wybór cech krajobrazu na podstawie których je wykonamy (Litwin i in. 2009).

Tereny nad Kanałem Bródnowskim charakteryzują się dużym zróżnicowaniem pod względem sposobu zagospodarowania i użytkowania oraz sytuacji formalno- prawnej. Na potrzeby przeprowadzenia waloryzacji atrakcyjności wizualnej oraz przyrodniczo-krajobrazowej teren nad Kanałem został podzielony na 12 jednostek krajobrazowo-przestrzennych. Autorka pracy podczas strefowania kierowała się dwoma czynnikami, podziałem administracyjnym i sposobem obecnego zagospodarowania przestrzennego terenów. Kanał Bródnowski ma długość około 11 km i przepływa przez trzy dzielnice Warszawy: Białołękę, Targówek i Rembertów. Teren nad Kanałem podzielono na trzy części, odpowiadające administracyjnym granicom dzielnic. Część Kanału znajdująca się w Rembertowie oraz przy południowej granicy Targówka została wykluczona z dalszych analiz ze względu na brak dostępu do Kanału w części Targówka oraz na małe rozmiary cieku i trudności z odróżnieniem go od licznych rowów melioracyjnych na terenie Rembertowa. Drugim kryterium podziału było odmienne zagospodarowanie przestrzeni nad Kanałem w granicach dzielnic Targówek i Białołęka. Dla części Kanału znajdującej się na terenie Targówka, wyodrębniono dodatkowo 8 jednostek, a na Białołęce- 3. Północne i południowe granice jednostek w większości kończą ulice, które przecinają Kanał, granice wschodnia i zachodnia celowo nie zostały wyznaczone, ponieważ w zależności od zagospodarowania Kanał łączy się widokowo z obiektami znajdującymi się w różnych odległościach. Podział jednostek został zobrazowany na mapie, która uwzględnia też sposób zagospodarowania terenów sąsiadujących z Kanałem.

<u>BIAŁOŁĘKA</u>

- jednostka krajobrazowo-przestrzenna 1b Lokalizacja: Kanał Żerański- ul. Warzelnicza
- jednostka krajobrazowo-przestrzenna 2b Lokalizacja: ul. Warzelnicza- ul. Juranda ze Spychowa
- jednostka krajobrazowo-przestrzenna 3b Lokalizacja: ul. Juranda ze Spychowa- ul. Toruńska

<u>TARGÓWEK</u>

Bródno:

- jednostka krajobrazowo-przestrzenna 1 Lokalizacja: ul. Toruńska- ul. Malborska

- jednostka krajobrazowo-przestrzenna 2 Lokalizacja: ul. Malborska- ul. Kondratowicza

Zacisze:

- jednostka krajobrazowo-przestrzenna 3 Lokalizacja: ul. Kondratowicza- ul. Rolanda
- jednostka krajobrazowo-przestrzenna 4 Lokalizacja: ul. Rolanda- ul. Krośniewicka
- jednostka krajobrazowo-przestrzenna 5 Lokalizacja: ul. Krosniewicka- ul. Radzymińska

Elsnerów:

- jednostka krajobrazowo-przestrzenna 6 Lokalizacja: ul. Radzymińska- Magistrala kolejowa Warszawa-Wołomin
- jednostka krajobrazowo-przestrzenna 7 Lokalizacja: Magistrala kolejowa Warszawa-Wołomin - ul. Swojska

Targówek Fabryczny:

- jednostka krajobrazowo-przestrzenna 8 Lokalizacja: ul. Swojska- ul. Jesiotrowa

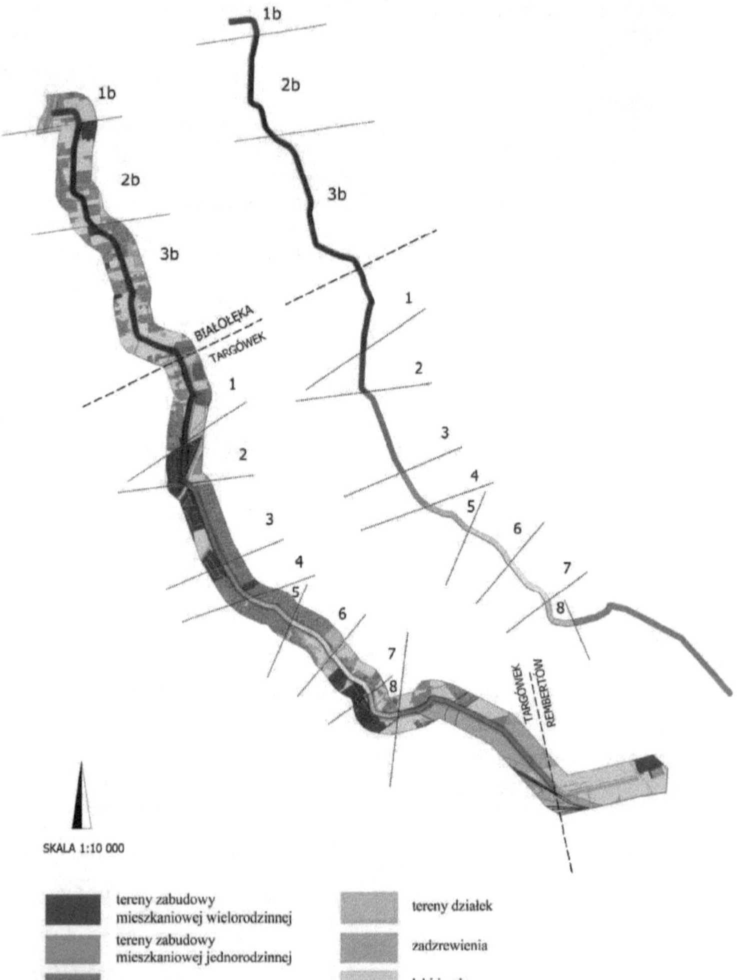

Ryc. 2. Podział terenów nad Kanałem Bródnowskim na jednostki krajobrazowo-przestrzenne (na podstawie mapy: https://maps.google.pl/)

Sąsiedztwo Kanału oraz charakterystyka roślinności

Obszar opracowania charakteryzuje się dużym zróżnicowaniem pokrycia roślinnością oraz sposobem zagospodarowania. W celu ułatwienia i uporządkowania opisów autorka uwzględniła takie cechy jak:

- krajobraz- krajobrazy zostały podzielone na podstawie mapy typów krajobrazów roślinnych wykonaną na potrzeby Opracowania Ekofizjograficznego do Studium Uwarunkowań i Kierunków Zagospodarowania Przestrzennego w oparciu o mapę roślinności rzeczywistej wykonana w 1999 roku oraz obecne zagospodarowanie terenu. Wydzielone typy krajobrazów:
    1. krajobraz zieleni towarzyszącej zabudowie mieszkaniowej wielorodzinnej;
    2. krajobraz zieleni towarzyszącej zabudowie mieszkaniowej jednorodzinnej i bliźniaczej;
    3. krajobraz zieleni towarzyszącej zabudowie usługowej;
    4. krajobraz ogrodów działkowych;
    5. krajobraz łąkowy z udziałem pól;
    6. krajobraz zbiorowisk wodnych i szuwarowych;
- zagospodarowanie
- roślinność
- dostępność Kanału- oceniany jest dostęp do Kanału osobno dla obu stron. Przyjęta skala: brak dostępu, dostęp słaby, dostęp dobry.

BIAŁOŁĘKA

Jednostka krajobrazowo-przestrzenna 1b

Lokalizacja: Kanał Żerański- ul. Warzelnicza

Krajobraz

Mozaika krajobrazu łąkowego z udziałem pól z krajobrazem zbiorowisk wodnych i szuwarowych oraz krajobrazu zieleni towarzyszącej zabudowie mieszkaniowej jednorodzinnej i wielorodzinnej.

Zagospodarowanie

Jednostkę tę wyróżnia spośród pozostałych odcinków Kanału największy udział obszarów wodnych- Kanał Bródnowski łączy się po stronie zachodniej z Kanałem Żerańskim. Występująca po obu stronach Kanału Bródnowskiego zabudowa mieszkaniowa to pojedyncze niskie domy jednorodzinne o nieuporządkowanym układzie.

Roślinność

Drzewa- wysokie walory krajobrazowe

Nad Kanałem Żerańskim po stronie zachodniej występują zadrzewienia i zakrzewienia o leśnym charakterze z dominacją sosen i topoli w średnim wieku, o dobrej kondycji zdrowotnej. Po stronie wschodniej występują młode drzewa i porosty w których skład wchodzą lipy, klony, bez czarny i głogi znajdują się po stronie wschodniej Kanału Żerańskiego. Po stronie wschodniej Kanału Bródnowskiego wzdłuż jego brzegu występują nieliczne grupy drzew w których dominuje olsza i wierzba o zróżnicowanym wieku i kondycji zdrowotnej.

Największy udział maja tu tereny niezagospodarowane i nieużytkowane. Głównie są to grunty które były użytkowane rolniczo, a obecnie zarastają roślinnością ruderalną, w skład której wchodzi m.in. nawłoć, wrotycz, słonecznik bulwiasty i bylica poza roślinnością zielną na polach występują młode drzewa: brzozy, dęby klony jesionolistne, robinie oraz drzewa owocowe.

Formy ochrony: Poza zasięgiem obszarów chronionych na podstawie Ustawy o ochronie przyrody oraz brak terenów i obiektów znajdujących się w rejestrze Wojewódzkiego Konserwatora Przyrody.

Jednostka krajobrazowo-przestrzenna 2b

Lokalizacja: ul. Warzelnicza- ul.Juranda ze Spychowa

Krajobraz

Mozaika krajobrazu łąkowego z udziałem pól z krajobrazem lasów o przewadze drzewostanów półnaturalnych i krajobrazu zieleni towarzyszącej zabudowie mieszkaniowej jednorodzinnej.

Zagospodarowanie

Jednostka ta charakteryzuje się dużym udziałem terenów otwartych w postaci pól i nieużytków rolnych. W zabudowie dominują domy jednorodzinne. Po stronie zachodniej są to domy wolnostojące, o zróżnicowanej architekturze, z ogrodami od strony Kanału, a po stronie wschodniej osiedla domków jednorodzinnych oraz bliźniaków, o ujednoliconej architekturze.

Roślinność

Teren w większości pokryty uprawami rolnymi i terenami dawnych upraw na których obecnie dominują gatunki ruderalne takie jak bylica pospolita, przymiotno kanadyjskie i nawłoć olbrzymi Roślinności zielnej towarzyszą zadrzewienia i zakrzewienia, w składzie gatunkowym występują dęby, brzozy, ale również mniej wartościowe przyrodniczo klony jesionolistne, robinie i drzewa owocowe. Na niewielkim fragmencie w części wschodniej znajduje się las z dominującym udziałem brzóz i dębów.

Na wysokości lasu znajdują się dwa drzewa o dużych walorach przyrodniczo-krajobrazowych wskazane do ochrony w Miejscowym Planie Zagospodarowania Przestrzennego są to rosnące nad samym Kanałem dwa jesiony wyniosłe.

Formy ochrony: brak, jak a jednostce 1b.

Lokalizacja: ul. Juranda ze Spychowa- ul. Toruńska

Krajobraz

Mozaika krajobrazu roślinności ruderalnej z krajobrazem zieleni towarzyszącej zabudowie mieszkaniowej jednorodzinnej.

Zagospodarowanie

Jednostka ta charakteryzuje się dużym udziałem terenów otwartych w postaci pól i nieużytków rolnych. W zabudowie dominują domy jednorodzinne. Po stronie zachodniej są to domy wolnostojące, o zróżnicowanej architekturze, z ogrodami od strony Kanału. Strona wschodnia Kanału to zwarta zabudowa osiedli domków jednorodzinnych oraz bliźniaków o ujednoliconej architekturze. W części południowej zlokalizowane zostały tereny usług. Większość zabudowy jest oddalona od Kanału, dzięki czemu graniczy on z dużą ilością terenów otwartych.

Roślinność

Dominują tereny dawnych upraw które obecnie pod wpływem stopniowo wkraczającej sukcesji zarastają roślinnością ruderalną w której składzie gatunkowym największy udział ma bylica pospolita, nawłoć, bieluń i przymiotno. Wzdłuż Kanału występują nieliczne zadrzewienia i zakrzewienia z wierzbą, olszą i klonem jesionolistnym. Występujące na tym terenie grupy drzew maja średnie walory krajobrazowe.

Formy ochrony: brak

TARGÓWEK - Bródno

Jednostka krajobrazowo-przestrzenna 1

Lokalizacja: ul. Toruńska- ul. Malborska

Krajobraz

Mozaika krajobrazu zieleni towarzyszącej zabudowie mieszkaniowej jednorodzinnej, wielorodzinnej i usługowej z krajobrazem zbiorowisk wodnych i szuwarowych i krajobrazem roślinności ruderalnej.

Zagospodarowanie

Omawiany teren charakteryzuje się dużym zróżnicowaniem pod względem zagospodarowania. Od strony północno- wschodniej rozpoczyna się zabudową należącą do Centrum Handlowego Targówek z towarzyszącymi mu terenami zieleni urządzonej. Za CHT w kierunku ulicy Malborskiej znajdują się duże tereny otwarte. Po stronie zachodniej Kanału, przeważają tereny zabudowy mieszkaniowej jednorodzinnej.

Roślinność

Największy udział ma tu roślinność niska charakterystyczna dla łąki świeżej z takimi gatunkami jak rajgras wyniosły, mietlica rozłogowa, oraz roślinami ruderalnymi m.in. bylicą pospolitą, przymiotnem kanadyjskim, pokrzywą zwyczajną i kupkówką. W części południowej terenu, na znajdujących się tu dużych terenach otwartych roślinności niskiej towarzyszą grupy młodych drzew wiązów, klonu jesionolistnego, topoli osiki i białej, a także czeremchy, śliwy ałyczy i bzu.

Nad samym Kanałem poza roślinnością zielną znajdują się nieliczne drzewa, występujące jako solitery lub tworzące niewielkie grupy są to głównie wierzby białe i olsze. Sześć drzew rosnących nad Kanałem wyróżnia się wysokimi walorami przyrodniczo-krajobrazowymi są to dwie wierzby o charakterze pomnikowym, trzy wierzby i dąb szypułkowy o wysokich walorach przyrodniczo-krajobrazowych. W części terenu należącej do CHT znajdują się tereny zieleni urządzonej, duże powierzchnie trawiaste, z nasadzeniami krzewów i drzew ozdobnych m.in. żywopłoty z berberysów, dereni, pięciorników, tawuły oraz szpalery z jarząbów, lip, wiązów i brzóz. W części południowej CHT, przy terenach otwartych, rośnie grupa dużych wiązów wyróżniających się wysokimi walorami krajobrazowymi.

Wyjątkowym elementem dla tego terenu jest znajdujący się pomiędzy zabudową CHT a Kanałem szuwar trzcinowy, z typową dla zespołu trzciną i pałką wąskolistną. Szuwar ten jest ogrodzony metalową siatką, co utrudniło dokładniejszą analizę tego zbiorowiska. Poza wymienionymi gatunkami udało się dostrzec młode wierzby szare, żabiściek pływający oraz występujące na jego brzegach nawłoć i przymiotno kanadyjskie. Formy ochrony: brak

Jednostka krajobrazowo-przestrzenna 2

Lokalizacja: ul. Malborska- ul. Kondratowicza

<u>Krajobraz</u>

Krajobraz zieleni towarzyszącej zabudowie wielorodzinnej.

Zagospodarowanie

Po obu stronach Kanału znajdują się tereny osiedli mieszkaniowych wybudowanych po roku 2000 roku, są to niskie bloki do czterech kondygnacji. Oba osiedla są odizolowane od Kanału ogrodzeniami z siatki oraz nasadzeniami wysokich żywopłotów. W części południowo-zachodniej dojście do Kanału uniemożliwia postawiona przy samym brzegu stacja benzynowa. Wzdłuż Kanału po jego wschodniej stronie wybudowany został ciąg komunikacyjny z kostki brukowej, pełniący funkcję chodnika i ścieżki rowerowej.

Roślinność

Teren ten charakteryzuje małe zróżnicowanie szaty roślinnej. Zieleń niska to przede wszystkim trawnik, z roślinnością ruderalną w której składzie pojawia się m.in. pokrzywa zwyczajna, bluszczyk kurdybanek i jasnota biała. Roślinność wyższa występująca po stronie wschodniej to zieleń ozdobna znajdująca się na terenie osiedla, odgrodzona metalową siatką, są to derenie i tawuły tworzące zwarte żywopłoty oraz szpaler z klonów. Wzdłuż wschodniego brzegu Kanału znajduje się szpaler 50-letnich topól, który punktowo uzupełniono nowymi nasadzeniami drzew i krzewów ozdobnych dereni, pięciorników i klonów.

Formy ochrony: brak

TARGÓWEK - Zacisze

Jednostka krajobrazowo-przestrzenna 3

Lokalizacja: ul. Kondratowicza- ul. Rolanda

Krajobraz:

Mozaika krajobrazów zieleni towarzyszącej zabudowie wielorodzinnej i jednorodzinnej z krajobrazem roślinności ruderalnej.

Zagospodarowanie:

W północno-zachodniej części terenu przy ulicy Kondratowicza znajduje się osiedle mieszkaniowe, wybudowane po 2000 roku, z wysoką zabudową wielorodzinną, odizolowaną ogrodzeniem od Kanału. Po stronie wschodniej wzdłuż całej długości Kanału teren jest zagospodarowany zwartą zabudowa jednorodzinną. W części północno-wschodniej zlokalizowany został niewielki Skwer imienia Grzegorza Ciechowskiego, który jest najatrakcyjniejszym elementem zagospodarowania, znajduje się w nim duża fontanna i ławki. Po stronie południowo-zachodniej przy ulicy Rolanda znajduje się osiedle z zabudową bliźniaczą. Pomiędzy osiedlem, a Kanałem wybudowany został niewielki plac zabaw dla dzieci.

Roślinność

Na terenie skweru znajdują się nowe nasadzenia roślinności, traw i bylin ozdobnych, krzewów liściastych: dereni, róż i tawuł oraz klonów które odgradzają skwer od ul. Kondratowicza. Wzdłuż zachodniej strony Kanału rośnie pas 50-letnich topól, kończy się on na wysokości osiedla mieszkaniowego w części południowej terenu. W części centralnej znajdują się niezagospodarowane grunty należące do wojska i ogrodzone betonowym murem, W środku znajdują się zbiorowiska ruderalne z przewagą nawłoci olbrzymiej, bylicy i przymiotna kanadyjskiego, z grupami drzew i krzewów takich gatunków jak brzozy, wierzby, klony jesionolistne i drzewa owocowe.

Formy ochrony: brak

Jednostka krajobrazowo-przestrzenna 4

Lokalizacja: ul. Rolanda- ul. Krośniewicka

Krajobraz

Mozaika krajobrazu zieleni towarzyszącej zabudowie jednorodzinnej i bliźniaczej z krajobrazem ogrodów działkowych

Zagospodarowanie

Po obu stronach Kanału znajdują się tereny zabudowy mieszkaniowej jednorodzinnej szeregowej. Od strony południowo-wschodniej zlokalizowane są zaniedbane tereny zabudowy usługowej. Przy ulicy Rolanda zachował się niewielki teren ogrodów działkowych, usytuowanych wzdłuż fragmentu zachodniej skarpy Kanału.

Roślinność

Dominują tereny silnie zdegradowane które stopniowo zarastają roślinnością ruderalną. Roślinność występująca w tej części to głownie niska zieleń z dużym udziałem takich gatunków jak pieprzyca, pokrzywa zwyczajna, gorczycnik pospolity oraz z młodymi nasadzeniami drzew owocowych i samosiejkami klonu jesionolistnego. Na terenie nie występują cenne drzewa cenne przyrodniczo i krajobrazowo. Formy ochrony: brak

Jednostka krajobrazowo-przestrzenna 5

Lokalizacja: ul. Krosniewicka- ul. Radzymińska

Krajobraz

Krajobraz zieleni towarzyszącej zabudowie jednorodzinnej i bliźniaczej

Zagospodarowanie

Zarówno wzdłuż wschodniego jak i zachodniego brzegu Kanału znajduje się luźna zabudowa domów jednorodzinnych o różnorodnej architekturze i usytuowaniu względem cieku.

Roślinność

Na terenie występują zbiorowiska ruderalne z roślinnością urządzoną, która przeniknęła do strefy Kanału z ogrodów przydomowych. Znajdujące się tu gatunki ruderalne to m.in. gorczycznik pospolity, pieprzyca i przytulia pospolita, wśród roślin ozdobnych dominują krzewy liściaste takie jak dereń, kalina, bez czarny oraz drzewa owocowe. Na terenie nie występują drzewa o wysokich walorach krajobrazowych. Formy ochrony: brak

TARGÓWEK - Elsnerów

Jednostka krajobrazowo-przestrzenna 6

Lokalizacja: ul. Radzymińska- Magistrala kolejowa Warszawa-Wołomin

Krajobraz

Mozaika krajobrazu zieleni towarzyszącej zabudowie wielorodzinnej i jednorodzinnej z krajobrazem roślinności ruderalnej

Zagospodarowanie

Z obu stron Kanału, wzdłuż jego brzegów przebiegają ulice w postaci dróg gruntowych o zmiennej szerokości. Po stronie wschodniej, jest to rozpoczynająca się ul. Radzymińską i kończąca w połowie jednostki ul. Rzewińska, a po stronie zachodniej przebiegająca wzdłuż całej długości cieku ul. Teofila Piecyka. Wschodnią stronę zajmuje zabudowa mieszkaniowa jednorodzinna, o zróżnicowanej architekturze i stylu. Zachodnia część terenu jest niezagospodarowana, tylko w części centralnej stoi kilka domów jednorodzinnych.

Roślinność

Teren jest w większości pokryty roślinnością zaroślową i drzewami owocowymi. Dominują tu zbiorowiska ruderalne z dużym udziałem gorczycznika pospolitego, pieprzycy, kupkówki towarzyszy im roślinność ozdobna przeniesiona nad Kanał z ogródków przydomowych oraz rzadkie liniowe nasadzenia drzew brzóz i topoli.

Formy ochrony: brak

Jednostka krajobrazowo-przestrzenna 7

Lokalizacja: Magistrala kolejowa Warszawa-Wołomin - ul. Swojska

Krajobraz

Mozaika krajobrazu zieleni towarzyszącej zabudowie jednorodzinnej z krajobrazem roślinności ruderalnej i ogrodów działkowych.

Zagospodarowanie

Omawiany fragment jest mocno zróżnicowany pod względem zagospodarowania, znajdują się tu zarówno tereny zabudowy mieszkaniowej jednorodzinnej- południowo-wschodnia strona Kanału, tereny ogródków działkowych- część północno-zachodnia i rozległe tereny przemysłowe- w części centralnej oraz południowo-zachodniej. Od strony północno-wschodniej tereny zabudowane oddziela od Kanału pas niskiej zieleni i znajdująca się za nim ulica Klukowska z chodnikiem od strony zabudowy. W części centralnej przy skrzyżowaniu ul. Bukowieckiej i Klukowskiej występuje niewielki teren otwarty.

Roślinność

Na omawianym odcinku po obu stronach Kanału w części północnej, aż do ul. Bukowieckiej występuje niska roślinność w postaci pasa trawnika z udziałem zbiorowisk ruderalnych, w składzie gatunkowym dominują wiechlina roczna, kupkówka i gorczycznik. W dalszej części

Kanału w stronę ul. Swojskiej Kanałowi towarzyszy roślinność zaroślowa w postaci klonów jesionolistnych, śliwy, osiki oraz robinii. Nielicznie wyższe zadrzewienia zlokalizowane są po zachodniej stronie Kanału przy skrzyżowaniu ulic Klukowskiej i Bukowieckiej ich skład gatunkowy wchodzą brzozy, robinie i klony jesionolistne oraz wysokie świerki. Formy ochrony: brak

TARGÓWEK - Targówek Fabryczny

Jednostka krajobrazowo-przestrzenna 8

Lokalizacja: ul. Swojska- ul. Jesiotrowa

Krajobraz

Mozaika krajobrazu zieleni towarzyszącej zabudowie jednorodzinnej z krajobrazem roślinności ruderalnej i krajobrazu łąkowego z udziałem pól.

Zagospodarowanie

Na omawianym odcinku występują duże tereny otwarte zlokalizowane po wschodniej stronie Kanału. W części południowo-wschodniej usytuowana jest zabudowa mieszkaniowa jednorodzinna, typu podmiejskiego, wykorzystywana także jako magazyny i warsztaty. Strona zachodnia Kanału poza pasem zarośli została zagospodarowana zabudowaniami przemysłowo-magazynowymi.

Roślinność

Przy wschodnim brzegu Kanału dominuje roślinność ruderalna z wiechliną roczną, kupkówką i nawłocią. Występujące po tej stronie drzewa znajdują się przy ul.swojskiej są to klony jesionolistne oraz zdziczałe drzewa owocowe. Na dużych terenach otwartych za pasem zieleni ruderalnej znajdują się podmokłe łąki na których poza nawłocią i przytulią rośnie trzęślica modra, mietlica olbrzymia i owsica omszona.

Inaczej prezentuje się zachodni brzeg Kanału, który na całej długości porastają zarośla z dominującym udziałem klonu jesionolistnego, śliwy ałyczy i osiki. Wysokie drzewa w postaci około 50-letnich topól tworzą szpalery po obu stronach Kanału w jego południowej części.

Formy ochrony: brak

Waloryzacja terenów nad Kanałem Bródnowskim

Waloryzacja terenów została wykonana w oparciu o wyniki oceny wartości estetycznych SBE oraz analizy WNET pozwalającej ocenić walory krajobrazowe i ekologiczne terenu.

W celu przeprowadzenie analizy wizualnej sfotografowane zostały tereny wzdłuż całej długości Kanału. Dla każdej z wydzielonych wcześniej jednostek krajobrazowo-przestrzennych wybrano 6 zdjęć. Zdjęcia zrobiono w marcu w ciągu jednego tygodnia, dzięki czemu przedstawiają one zbliżony krajobraz w zimowej scenerii. Slajdy ze zdjęciami zostały pokazane w jednym czasie grupie 30 osób. Każda z osób otrzymała formularz do którego wpisywała oceny poszczególnym slajdów (jeden slajd = jedno zdjęcie = jedna ocena), dysponując 10 punktową skalą ocen. Poniżej znajdują zdjęcia, które prezentowano na slajdach, aby ułatwić ich prezentację w pracy, autorka pogrupowała zdjęcia odpowiadające poszczególnym jednostką.

Ryc. 3. Zdjęcia terenów nad Kanałem Bródnowskim na terenie dzielnicy Białołęka-jednostka krajobrazowo-przestrzenna b1

Ryc. 4. Zdjęcia terenów nad Kanałem Bródnowskim na terenie dzielnicy Białołęka-jednostka krajobrazowo-przestrzenna b2

Ryc. 5. Zdjęcia terenów nad Kanałem Bródnowskim na terenie dzielnicy Białołęka-jednostka b3 krajobrazowo-przestrzenna

Ryc. 6. Zdjęcia terenów nad Kanałem Bródnowskim na terenie dzielnicy Targówek, Bródno-jednostka 1 krajobrazowo-przestrzenna

Ryc. 7. Zdjęcia terenów nad Kanałem Bródnowskim na terenie dzielnicy Targówek, Bródno-jednostka krajobrazowo-przestrzenna 2

Ryc. 8. Zdjęcia terenów nad Kanałem Bródnowskim na terenie dzielnicy Targówek, Zacisze- jednostka krajobrazowo-przestrzenna 3

Ryc. 9. Zdjęcia terenów nad Kanałem Bródnowskim na terenie dzielnicy Targówek, Zacisze- jednostka krajobrazowo-przestrzenna.

Ryc. 10. Zdjęcia terenów nad Kanałem Bródnowskim na terenie dzielnicy Targówek, Zacisze- jednostka krajobrazowo-przestrzenna 5

Ryc. 11. Zdjęcia terenów nad Kanałem Bródnowskim na terenie dzielnicy Targówek, Elsnerów- jednostka krajobrazowo-przestrzenna 6.

Ryc. 12. Zdjęcia terenów nad Kanałem Bródnowskim na terenie dzielnicy Targówek, Elsnerów- jednostka 7 krajobrazowo-przestrzenna.

Ryc. 13. Zdjęcia terenów nad Kanałem Bródnowskim na terenie dzielnicy Targówek, Targówek Fabryczny- jednostka krajobrazowo-przestrzenna 8

Uzyskane oceny analizy wizualnej zostały poddane standaryzacji według wzoru $z_{ji} = (R_{ji} - R_j)/s_j$, zabieg ten pozwolił zmniejszyć różnice w ostatecznej punktacji, które spowodowane były operowaniem przez respondentów pełną skalą ocen (od 0 do 10 pkt) lub tylko jej częścią (np. od 6 do 10).

Tabela 3. Wyniki oceny wartości estetycznych terenów nad Kanałem Bródnowskim

Oznaczenie jednostki	1b	2b	3b	1	2	3	4	5	6	7	8
Ustandaryzowany wynik badania SBE	7,1	1,95	-1,7	4,73	-0,5	2,11	-4,6	-3,3	4,87	-1,3	0,38
Punkty	20	10	0	15	0	10	0	0	15	0	5

W punktacji uzyskanych ocen posłużono się 5 stopniową skalą na podstawie której każdy z analizowanych terenów otrzymał od 0 do 20 punktów.

Tabela 3. Punktacja dla ocen uzyskanych w analizie SBE

Zakres ocen SBE	<0	0-1,7	1,8-3,5	3,6-5,3	5,4-7,1
Punkty	0	5	10	15	20

Kolejnym etapem waloryzacji było wykonanie analizy WNET i zbadaniu szaty roślinnej i występowania terenów otwartych. Dla analizowanych cech opracowano system ocen (klucz) prowadzący do odpowiedzi na pytanie - które powierzchnie są najcenniejsze przyrodniczo. Informacje o szacie roślinnej pochodziły z miejscowych planów zagospodarowania przestrzennego, projektów planów, prognoz oddziaływania na środowisko wykonanych do projektów planów. W przypadku braku informacji na planach autorka uzupełniła je na podstawie własnych obserwacji w terenie.

Szata roślinna:

1. Występowanie grup drzew, szpalerów o wysokich lub średnich walorach przyrodniczo-krajobrazowych

Wysokie - 20 pkt.

Średnie - 10 pkt.

Brak - 0 pkt

2. Występowanie drzew o charakterze pomnikowym lub soliterów o wysokich walorach przyrodniczo-krajobrazowych

Występują - 15 pkt

Brak - 0 pkt

3. Występowanie rzadkiego, dla terenów nad Kanałem, zespołu roślinnego

Występuje - 15

Brak - 0

Tereny otwarte

Procent linii brzegowej graniczącej z terenami otwartymi:

61-80 - 20 pkt

41-60 - 15 pkt

21-40 - 10 pkt

5-20 - 5 pkt

Tabela 4. Procent linii brzegowej graniczącej z terenami otwartymi, punktacja

Nr jednostki krajobrazowo-przestrzennej	Długość brzegu graniczącego z terenami otwartymi	Punkty
1b	72%	20
2b	69%	20
3b	62%	20
1	72%	20
2	10%	5
3	15%	5
4	0%	0
5	3%	0
6	48%	15
7	20%	5
8	50%	15

Tabela 5. Wyniki analizy WNET

Nr jednostki krajobrazowo-przestrzennej	Tereny otwarte	Szata roślinna			Suma punktów
	Procent linii brzegowej graniczącej z terenami	Występowanie grup drzew, szpalerów o wysokich lub	Występowanie drzew o wysokich walorach	Występowanie rzadkiego zespołu roślinnego	

	otwartymi	średnich walorach krajobrazowych	krajobrazowych lub o charakterze pomnikowym		
1b	20	20	0	0	40
2b	20	10	15	0	45
3b	20	10	0	0	30
1	20	20	15	10	65
2	5	20	0	0	25
3	5	20	0	0	25
4	0	0	0	0	0
5	0	0	0	0	0
6	15	10	0	0	25
7	5	10	15	0	30
8	15	20	15	10	60

Tabela 6. Podsumowanie wyników waloryzacji uzyskanych metodami SBE i WNET

Nr jednostki krajobrazowo-przestrzennej	Ocena wizualna terenów	Wynik oceny WNET	Suma punktów
1b	20	40	60
2b	10	45	55
3b	0	30	30
1	15	65	80

2	0	25	25
3	10	25	35
4	0	0	0
5	0	0	0
6	15	25	40
7	0	30	30
8	5	60	65

Wybrany teren znajduje się na terenie dzielnicy Targówek. Zlokalizowany w jej północno-zachodniej części jest częścią osiedli mieszkaniowych Bródno. Północna granica terenu znajduje się przy ul. Toruńskiej, będącej częścią drogi ekspresowej S8. Przebudowana w ostatnich latach przebiega szerokim wiaduktem nad Kanałem. Od strony południowej teren kończy ulica Malborska, trasie szybkiego ruchu Zlokalizowany pomiędzy dwoma ruchliwymi ulicami Toruńska i Malborską.

Analiza roślinności- inwentaryzacja dendrologiczna oraz analiza zbiorowisk roślinnych

Inwentaryzacja dendrologiczna zawiera informacje o gatunkach drzew i krzewów występujących na terenie opracowania, z obwodem pnia mierzonym na wysokości 1,3m, w przypadku krzewów zajmowaną przez nie powierzchnią, oraz stanem zdrowotnym roslin. Na mapie przedstawiającej lokalizację inwentaryzowanych drzew dodatkowo wprowadzono drzewa znajdujące się na terenach sąsiednich, oznaczone w Projekcie Miejscowego Planu Zagospodarowania Przestrzennego rejonu ulic Głębockiej i Malborskiej, jako drzewa wskazane do zachowania ze względu ich wysokie walory przyrodniczo-krajobrazowe - jest to grupa starych wiązów.

Występujący na analizowanym terenie drzewostan jest rzadki. Głownie są to grupy składające się od 2 do 3 drzew lub występujących w pojedynkę. Najczęstszym gatunkiem jest tu wierzba biała rosnąca nad brzegiem Kanału zarówno w postaci dużych, wielopniowych drzew o wysokich walorach przyrodniczo-krajobrazowych, jednopniowych o charakterze pomnikowym i drzew średniej wielkości. Wysokie walory krajobrazowe posiada także dąb szypułkowy zlokalizowany w centralnej części terenu. Na tyłach Centrum Handlowego Tarówek od strony Kanału znajdują się dwa wiązy oraz duża grupa bzów czarnych i rzędowych nasadzeń jarząbów szwedzkich tylko w tej części terenu zostały wprowadzone nasadzenia należące do CHT.

Poza terenem opracowania, ale w niewielkiej odległości od jego wschodniej granicy znajdują się wiązy, które w MPZP dla rejonu ulic Głębockiej i Malborskiej zostały zakwalifikowane jako drzewa do zachowania ze względu na wysoką wartość przyrodniczo-krajobrazową. Na terenach otwartych graniczących z terenem opracowania od strony południowo-wschodniej poza dominującą tu roślinnością zielną znajdują się młode topole osiki, topole białe, wierzby białe i brzozy. Ładnym pokrojem i imponującą wielkością charakteryzują się także dwie olsze czarne znajdujące się po zachodniej stronie Kanału na przeciwko dużego trawnika należącego do CHT.

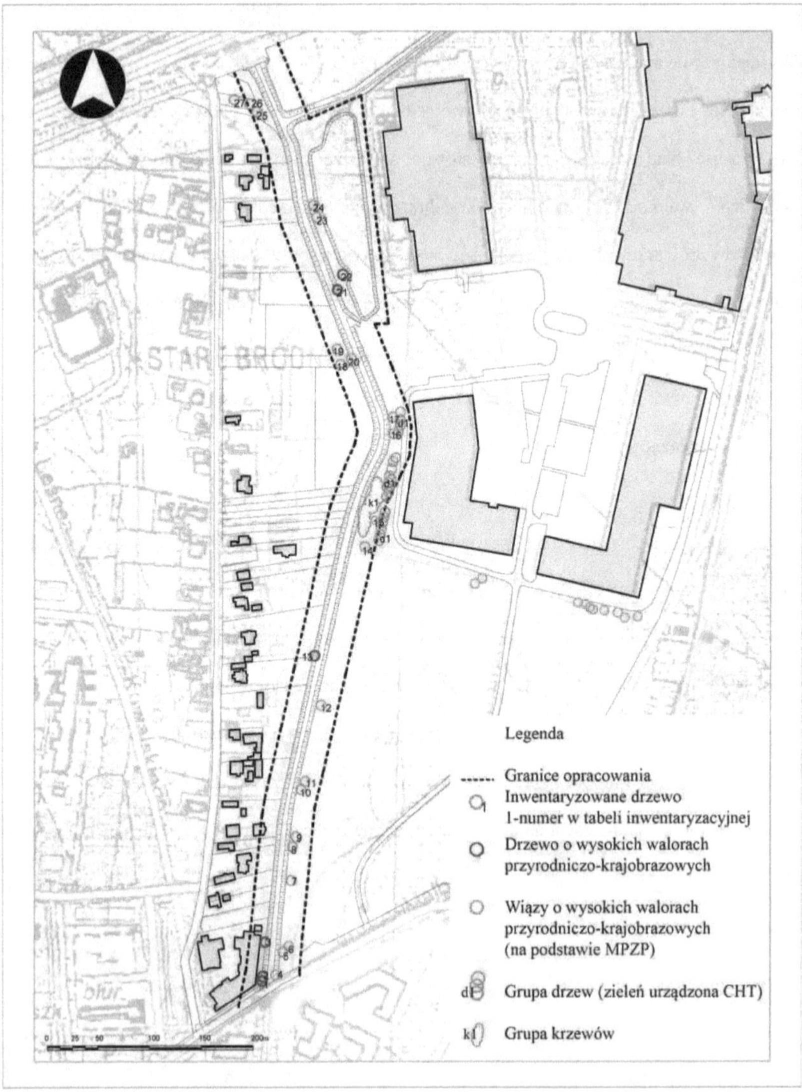

Ryc. 14. Lokalizacja inwentaryzowanych drzew i krzewów oraz wiązów wskazanych MPZP jako drzewa o wysokich walorach przyrodniczo-krajobrazowych

Tabela 7. Inwentaryzacja dendrologiczna z oceną stanu drzew

L. p.	Nazwa łacińska	Nazwa polska	Obwód (cm) mierzony na wysokości 1,3m	Wysokość (m)	Uwagi	Ocena stanu drzew
1	*Salix alba*	wierzba biała	280	26	Drzewo rozrośnięte, ok.. 5% posuszu	+
2	*Salix alba*	wierzba biała	294	27	Drzewo rozrośnięte, ok.. 5% posuszu	+
3	*Quercus robur*	dąb szypułkowy	115	17	Posusz ok. 5%	+
4	*Sambucus nigra*	bez czarny	35+24+19	4	Wysoki krzew, ślady szkodników na liściach, posusz 5%	+
5	*Salix alba*	wierzba biała	26+36+41	8	Stan dobry	+
6	*Salix alba*	wierzba biała	61	9	Stan dobry	+
7	*Salix alba*	wierzba biała	48	7	Stan dobry	+
8	*Prunus cerasifera*	śliwa ałycza	35+56+77	5	15% posuszu w dolnej części pnia	+/-
9	*Prunus cerasifera*	śliwa ałycza	65+50+41	5	Stan dobry	+
10	*Acer negundo*	klon jesionolistny	53+62+68	6	Potrójny pień około 15%	+/-

					posuszu	
11	*Prunus cerasifera*	śliwa ałycza	54	6	Korona jednostronna, posusz 15%	+/-
12	*Quercus robur*	dąb szypułkowy	65	8	Stan dobry	+
13	*Quercus robur*	dąb szypułkowy	270	24	Drzewo rozrośnięte, niewielki posusz 5%	+
14	*Quercus robur*	dąb szypułkowy	77+28	6,5	Podwójny pień, posusz 5%	+
15	*Betula pendula*	brzoza brodawkowata	98	15		
16	*Ulmus leavis*	wiąz szypułkowy	95+44	7	Drzewo w dolnej części pozbawione kory, Posusz 40%	-
17	*Ulmus leavis*	wiąz szypułkowy	40+35	6	Posusz 15%	+/-
18	*Alnus glutinosa*	olsza czarna	154	16	Wyrośnięte drzewo 5% posuszu	+
19	*Alnus glutinosa*	olsza czarna	146	11	Stan dobry	+
20	*Prunus sp.*	wiśnia	101	7	Stan dobry	

21	*Salix alba*	wierzba biała	153+245+233+ 100+120+160+ 170	20	Wyrośnięte, wielokonarowe drzewo, obcięte gałęzie brak widocznego posuszu	+
22	*Salix alba*	wierzba biała	235+190+153+ 145+220+172	20	Wyrośnięte, wielokonarowe drzewo, obcięte gałęzie 5% posuszu	+
23	*Juglans regia*	orzech włoski	20+25	4	Drzewo dwupniowe, jeden pień suchy, drugi z 50% posuszem	-
24	*Sorbus aucuparia*	jarząb pospolity	35+28+19	5	Drzewo trzypniowe 10% posuszu	+/-
25	*Populus alba*	topola biała	92	15	Stan dobry	+
26	*Populus alba*	topola biała	85	13	Stan dobry	+
27	*Populus alba*	topola biała	57	10	Stan dobry	+

d1	*Sorbus xmedia*	jarzab szwedzki	21 sztuk o obwodach od 24 do 30 cm, mierzonych na wysokości 1,3m. Stan zdrowotny dobry, brak widocznych chorób, szkodników i posuszu			+
k1	*Sambucus nigra*	bez czarny	65 m2	3	stan dobry 5% posuszu	+

Analiza zbiorowisk roślinnych została wykonana metodą zdjęć fitosocjologicznych. W tym celu wyznaczonych zostało 49 miejsc, w których wykonano zdjęcia. Aby wykazać wpływ odległości terenu od ruchliwych ciągów komunikacyjnych, na skład gatunkowy zbiorowisk, miejsca zdjęć zostały rozplanowane liniowo wzdłuż skarpy Kanału. Mapa przedstawiająca rozmieszczenie zdjęć została połączona z mapa wynikową analizy zbiorowisk.

Na badanym terenie największy udział mają gatunki charakterystyczne dla klasy *Artemisietea*. Zbiorowisko to znajduje się zarówno po wschodniej stronie Kanału jak i we fragmencie centralnym za jego zachodnią skarpą. Jest ono dosyć bogate gatunkowo, największy udział mają w nim wrotycz i przymiotno białe, ale poza nimi występuje tu wiele gatunków o mniejszym stopniu pokrycia m.in. trzcinnik piaskowy, żmijowiec zwyczajny i nostrzyk biały. Na skarpach Kanału znajdują się gatunki charakterystyczne dla siedlisk łąki świeżej jest to rajgras wyniosły, mietlica i żywokost lekarski, wśród rzadszych gatunków odnaleźć można np. dzięgiel leśny, charakterystyczny dla wilgotniejszych siedlisk. W północnej i południowej części skarpy, gdzie dostęp do terenu jest znacznie łatwiejszy, dzięki sąsiedztwu ciągów komunikacyjnych, zauważyć można znaczny udział gatunków ruderalnych. Jest to związane z bardziej intensywnym użytkowaniem tych części terenu. Siedlisko łąki świeżej znajdujące się w południowo-wschodniej części, różni się trochę w składzie gatunkowym od łąki opisanej wyżej, poza rajgrasem najliczniejszymi gatunkami są życica trwała, krwawnik pospolity, kupkówka pospolita i wiechlina łąkowa.

Północna części terenu została silnie zdegradowana w czasie prac związanych z budową wiaduktu dla Trasy Toruńskiej, które rozpoczęto w 2009 r. i zakończono dopiero w 2012 roku. Wpłynęło to znacząco na skład gatunkowy roślinności znajdującej się w tej części terenu. Na zdegradowanej pracami glebie, najlepiej radzą sobie rośliny ruderalne takie jak słonecznik bulwiasty, przymiotno kanadyjskie bieluń dzięDzierzawa, czy też stulicha psia, poza nimi występują także gatunki charakterystyczne dla rzędu *Sisymbrietali* do których należą stulisz *Loesela*, stulicha psia i farbownik.

Oryginalnym, pod względem występującej roślinności, fragmentem terenu jest, znajdujący się w północno-wschodniej części, szuwar trzcinowy. W zbiorowisku tym poza trzciną rośnie pałka wąskolistna, żabiściek pływający oraz wierzba szara. Na jego brzegach odnaleźć można rośliny bardziej pospolite takie jak nawłoć olbrzymia oraz przymiotno kanadyjskie. Gatunki te w dużych ilościach obrastają tereny znajdujące się po zachodniej stronie szuwaru, razem ze słonecznikiem bulwiastym, chmielem i pokrzywą zwyczajną tworzą zespół nawłoci. Teren szuwaru został ogrodzony siatką co częściowo uniemożliwiła lepszemu przyjrzeniu się temu zbiorowisku.

Tabela 8. Zdjęcia fitosocjologiczne wykonane w transekcie względem odległości od dużych szlaków komunikacyjnych i ulic Toruńskiej i Malborskiej, na wschodniej skarpie Kanału

Numery zdjęć fitosocjologicznych																
Nazwa łacińska	Nazwa polska	1	2	4	3	5	6	7	9	8	10	11	12	13	14	15	Stałość
Arrhenatherum elatius	rajgras wyniosły	2	2	3	3	3	3	3	2	3	3	3	3	3	2	1	V
Agrostis stolonifera	mietlica rozłogowa	1	1	2	2	2	3	3	3	2	1	r					IV
Symphytum officinale	żywokost lekarski			+	+	1	2	2	1	1	1	+	+	+			IV
Galium mollugo	przytulia pospolita	3	3	1													II
Arctium lappa	łopian większy											+	1	1	2	2	II
Glehoma hederacea	bluszczyk kurdybanek												2	2	1	2	II
Urtica dioica	pokrzywa zwyczajna	1	1	+									r	+	+	+	III
Lamium album	jasnota biała	+	+	+	+	+	+	+	+	+	+	+	+	+	+		V
Veronica chamaedrys	przetacznik ożankowy				+	+	+	r	r	+	+	+	+	+	r		IV
Melandrium	lepnica										r	+	+	+	+	+	II

album	biała																
Pastinaca sativa	pasternak zwyczajny				+	+	+	+	+								II
Erigeron canadensis	przymiotno kanadyjskie	+	+														I
Daucus carota	marchew zwyczajna			r		r	r	r	r	r	r	r					III
Poa pratensis	wiechlina łąkowa			r	r	r	r	r	r		r						III
Erigeron canadensis	przymiotno kanadyjskie												r	r	r	r	II
Solidago gigantea	nawłoć olbrzymia												r	r	r	r	II
Linaria vulgaris	lnica pospolita												r	r	r		I
Angelica sylvestris	dzięgiel leśny					r	r										I
Charakterystyka podłoża		gleba świeża/wilgotna, strefa brzegowa kanału															
Tymczasowa nazwa zespołu		łąka świeża z domieszką gatunków ruderalnych				łąka świeża						zbiorowisko przejściowe pomiędzy okrajkiem, a łąką świeżą z udziałem gatunków synantropijnych					

Tabela 9. Zdjęcia fitosocjologiczne wykonane wzdłuż brzegu Kanału w odległości 4-5m od granicy górnej skarpy

Numery zdjęć fitosocjologicznych												Stałość
Nazwa łacińska	Nazwa polska	34	35	36	37	38	40	39	41	42	43	
Artemisia vulgaris	bylica pospolita	3	3	3	2	2	2	2	2	2	2	V
Oenothera biennis	wiesiołek dwuletni	2	2	2	1	1	1	1	+	+		V
Tanacetum vulgare	wrotycz pospolity				2	1	1	+	2	2	2	IV
Erigeron annuus	przymiotno białe	2	2	2	1	1	+		r	r		IV
Artemisia campestris	bylica polna				2	2	2	3	3	3	3	IV
Solidago gigantea	nawłoć olbrzymia	+	+	+		+	+		+	+	+	IV
Melilotus alba	nostrzyk biały	+	+	+	+	+	+	+	r			IV
Helianthus tuberosus	słonecznik bulwiasty		r	r	+	+	+	+	+	r		IV
Cichorium intybus	cykoria podróżnik				r	+	+	+	+	+	r	IV
Berteora	pyleniec	+	+	+	+							II

incana	pospolity											
Echium vulgare	żmijowiec zwyczajny		+	+	+	+						II
Achillea millefolium	krwawnik pospolity	+	+	+							r	II
Daucus carota	marchew zwyczajna	r	+	+	r	r						III
Melilotus alba	nostrzyk biały	+	+	r	r	r						III
Medicago lupulina	lucerna nerkowata	+	+	r	r							II
Calamagros tis epigeios	trzcinnik piaskowy	+	r		r							II
Poa pratensis	wiechlina łąkowa		r	r	r			r	r	r	r	IV
Erigeron canadensis	przymiotno kanadyjskie	r	r			r		r	r	r		III
Melandrium album	lepnica biała				r	r	r	r	r			III
Lolium perenne	życica trwała					r	r	r	r	r	r	III
Melilotus officinalis	nostrzyk żółty						r		r	r	r	II
Taraxacum officinale	mniszek pospolity									r	r	I

Charakterystyka podłoża	gleba sucha z dużą zawartością gruzu i odpadów budowlanych
Tymczasowa nazwa zespołu	zbiorowisko należące do klasy *Artemisietea*

Tabela 10. Zdjęcia fitosocjologiczne wykonane wzdłuż brzegu Kanału w odległości 5m od granicy górnej skarpy po stronie wschodniej (zdj. nr 16-18) oraz po stronie zachodniej (zdj. nr 19,20)

Numery zdjęć fitosocjologicznych							Stałość
Nazwa łacińska	Nazwa polska	16	17	18	19	20	
Erigeron canadensis	przymiotno kanadyjskie	3	3	2	2	2	V
Lactuca serriola	sałata kompasowa	2	2	2	3	3	V
Cichorium intybus	cykoria podróżnik	1	1	2	1	2	V
Helianthus tuberosus	słonecznik bulwiasty	1	2	1	1		IV
Melilotus albus	nostrzyk biały	1	1	1		1	IV
Oenothera biennis	wiesiołek dwuletni	1	1	1			III
Rumex acetosella	szczaw polny	1	2	2		+	IV
Datura stramonium	bieluń dziędzierzawa	+	+	+	+		IV

Descurainia sophia	stulicha psia	+	+		+	+	IV
Setaria viridis	włośnica zielona	+	+	+	+		IV
Sisymbrium loeselii	stulisz Loesela	+	r		+	+	IV
Arctium lappa	łopian większy	r		+	+	+	IV
Artemisia vulgaris	bylica pospolita	r	r		+	+	IV
Dactylis glomerata	kupkówka pospolita	r			+	+	III
Berteroa incana	pyleniec pospolity		+	r	r	r	IV
Daucus carota	marchew zwyczajna	r	r	r	r		IV
Malva neglecta	ślaz zaniedbany	r	r	r			III
Plantago lanceolata	babka lancetowata	r		r		r	III
Achillea millefolium	krwawnik pospolity	r	r	r			III
Anchusa officinalis	farbownik lekarski	r	r	r			III
Polygonum persicaria	rdest plamisty		r	r	r		III
Trifolium pratense	koniczyna łąkowa			r	r	r	III
Setaria viridis	włośnica zielona	r	r				II

Taraxacum officinale	mniszek pospolity				r	r	II
Solanum nigrum	psianka czarna	r					I
Charakterystyka podłoża		gleba zdegradowana, z licznymi frakcjami materiałów pobudowlanych i gruzu					
Tymczasowa nazwa zespołu		zbiorowisko zbliżone do rzędu *Sisymbrietalia* z udziałem wieloletnich gatunków ruderalnych					

Tabela 11. Zdjęcia fitosocjologiczne wykonane w północno-zachodniej części terenu, w pobliżu ul. Toruńskiej

Numery zdjęć fitosocjologicznych					Stałość
Nazwa łacińska	Nazwa polska	22	23	21	
Dactylis glomerata	kupkówka pospolita	3	3	3	V
Calamagrostis epigeios	trzcinnik piaskowy	2	2	3	V
Artemisia vulgaris	bylica pospolita	+	+	1	V
Tanecetum vulgare	wrotycz pospolity	+	+	+	V
Cichorium intybus	cykoria podróżnik	+	+		IV
Melilotus albus	nostrzyk biały	+		+	IV
Elymus repens	perz właściwy		+		II
Achillea millefolium	krwawnik pospolity	r	r		IV
Erigeron canadensis	przymiotno kanadyjskie			r	II
Medicago lupulina	lucerna nerkowata	r		r	IV
Vicia cracca	wyka ptasia	r			II
Populus alba	topola biała	r			II
Charakterystyka podłoża		gleba świeża			
Tymczasowa nazwa zespołu		zbiorowisko zbliżone			

	do łąki świeżej z dużym udziałem gatunków ruderalnych

Tabela 12. Zdjęcia fitosocjologiczne wykonane w północno-wschodniej części terenu, na tyłach sklepu Castorama, między zbiorowiskiem szuwarowym a skarpą Kanału Bródnowskiego

Numery zdjęć fitosocjologicznych						Stałość
Nazwa łacińska	Nazwa polska	24	25	27	26	
Solidago gigantea	nawłoć olbrzymia	4	4	3	3	V
Helianthus tuberosus	słonecznik bulwiasty	+	+	1	1	V
Humulus lupulus	chmiel zwyczajny	+	+	+	+	V
Urtica dioica	pokrzywa zwyczajna	+	+	+	+	V
Erigeron canadensis	przymiotno kanadyjskie	+	r	r		IV
Charakterystyka podłoża		gleba świeża				
Tymczasowa nazwa zespołu		zespół nawłoci				

Tabela 13. Zdjęcia fitosocjologiczne wykonane w północno-wschodniej części terenu, na tyłach sklepu Castorama.

Numery zdjęć fitosocjologicznych								Stałość
Nazwa łacińska	Nazwa polska	28	29	30	31	32	33	
Phragmites australis	trzcina pospolita	4	4	4	4	4	4	V
Typha angustifolia	pałka wąskolistna	1	1	1	1	1	1	V
Hydrocharis morsus-ranae	żabiściek pływający	+	+	+	+	+	+	V
Solidago gigantea	nawłoć olbrzymia	+		+				II
Erigeron canadense	przymiotno kanadyjskie		r	r		r	r	IV
Salix cinerea	wierzba szara	r	r			r	r	IV
Charakterystyka podłoża		strefa brzegowa						
Tymczasowa nazwa zespołu		szuwar trzcinowy						

Tabela 14. Zdjęcia fitosocjologiczne wykonane wzdłuż południowo-wschodniej granicy terenu opracowania

Numery zdjęć fitosocjologicznych								Stałość
Nazwa łacińska	Nazwa polska	44	45	46	47	48	49	
Arrhenatherum elatius	rajgras wyniosły	2	2	3	2	1	1	V
Lolium perenne	życica trwała	2	2	2	2	1	1	V
Achillea millefolium	krwawnik pospolity	1	1	+	1	2	2	V
Dactylis glometara	kupkówka pospolita	1	1		+	2	2	V
Poa pratensis	wiechlina łąkowa		1	1	1	+	+	V
Crepis biennis	pępawa dwuletnia	+	+	+		r	r	V
Plantago lanceolata	babka lancetowata	+	+		+	1	2	V
Taraxacum officinale	mniszek pospolity	+	r		+	+	+	V
Trifolium regens	koniczyna biała		+	+		r	r	IV
Anchusa officinalis	farbownik lekarski	r	r					II
Leucanthemum	złocień	r						I

vulgare	właściwy							
Melandrium album	lepnica biała	r						I
Tanecetum vulgare	wrotycz pospolity						r	I
Elymus repens	perz właściwy						r	I
Cichorium intybus	cykoria podróżnik						r	I
Charakterystyka podłoża		gleba świeża						
Tymczasowa nazwa zespołu		łąka świeża				*		

*łąka świeża z udziałem gatunków ruderalnych

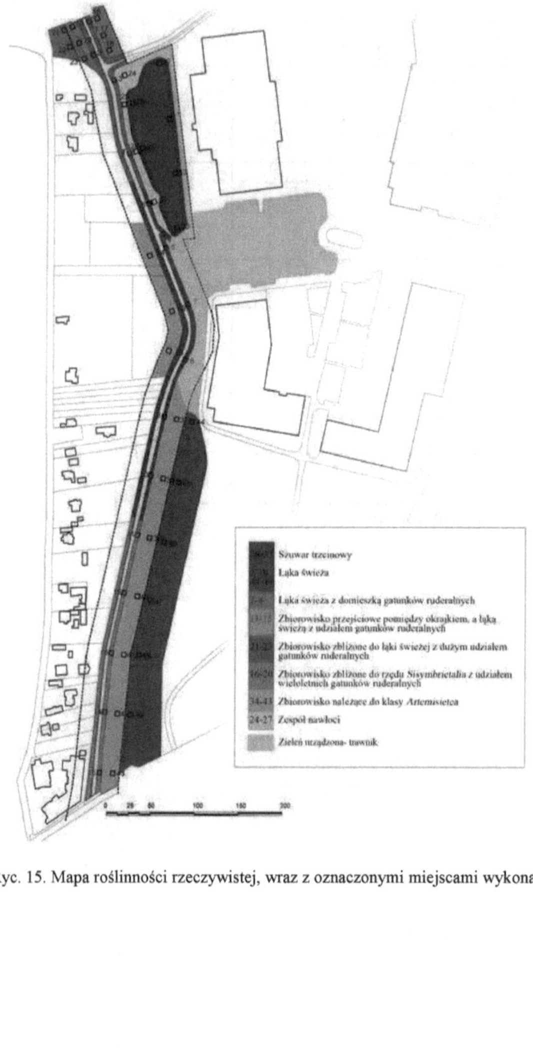

Ryc. 15. Mapa roślinności rzeczywistej, wraz z oznaczonymi miejscami wykonania zdjęć fitosocjologicznych

3. Ekspertyza 2: Analiza szaty roślinnej i powiązań ekologicznych fragmentu Kępy Kikolskiej w miejscowości Sikory, gm. Wieliszew

(Beata Fornal-Pieniak)

Celem pracy było wykonie ekspertyzy szaty roślinnej, analiz systemu przyrodniczego, zdiagnozowanie zagrożeń, opracowanie wskazań do kształtowania roślinności i minimalizacji negatywnych skutków inwestycji.

Metodyka badań

Badania terenowe obejmują inwentaryzację fitosocjologiczną i dendrologiczną oraz dokumentację fotograficzną. Wykonano zdjęcia fitosocjologiczne metodą Braun-Blanquet (1964) w okresie od maja do czerwca 2015r. Powierzchnie badawcze zostały wybrane losowo, ukazując największą różnorodność gatunków roślin. Zastosowano następujące wielkości powierzchni badawczych odpowiednie do danego typu zbiorowiska roślinnego:

zbiorowiska leśne - 400m^2

zbiorowiska wodne i szuwarowe - 25m^2

zbiorowiska nieleśne (łąkowe, murawowe, synantropijne) - 50 m^2.

Kolejne etapy badań to zdiagnozowanie zbiorowisk cennych przyrodniczo, tj. Natura 2000 a także gatunków objętych ochroną. Określono także typ jak i stan zachowania istniejących zadrzewień oraz stopień przekształcenia szaty roślinnej. Następna analiza dotyczyła klasyfikacji gatunków obcych i rodzimych. Wyróżniono także ostoje bioróżnorodności, jako priorytetowe a także określono znacznie terenu badawczego w systemie ekologicznym regionu.

Ekspertyza szaty roślinnej zawiera część tekstowa, jak i graficzną (mapy - Mapa główna roślinności rzeczywistej, z siedliskami Natura 2000, typami zadrzewień oraz dwie mapy "Rola istniejących zbiorowisk roślinnych w systemie ekologicznym w skali regionu" zamieszczone w tekście, a także dokumentacja fotograficzna z terenu opracowania. Dokumentacja fotograficzna obejmuje zdjęcia oraz panoramy (autor: Beata Fornal-Pieniak)

Wyniki badań

Zbiorowiska roślinne

Na terenie opracowania rozpoznano zbiorowisk roślinne o charakterze naturalnym (lasy, roślinność wodna i przywodna), półnaturalnym (roślinność łąkowa i murawowa) i synantropijnym. W ujęciu fitosocjologicznym zbiorowiska należą do klas *Querco-Fagetea, Vaccinio-Piceetea, Potametea, Phragmitetea, Koelerio glaucae-Corynephoretea canescentis, Molinio-Arrhnrtheretea, Epilobietea angustifolii* (nitrofilne zbiorowiska zrębów) i *Artemisietea vulgaris*. Zbiorowiska leśne znajdują się głownie w południowej i wschodniej oraz zajmują niewielką powierzchnię w części północnej terenu opracowania. Łęg jesionowo-olszowy ze związku *Alno-Ulmion* znajduje się wzdłuż małego cieku w części południowej i wschodniej. Zbiorowisko to charakteryzuje się bujną i zróżnicowaną roślinnością. Spośród gatunków drzew dominują olsza czarna (*Alnus incana*), jesion wyniosły (*Fraxinus excelsior*), topola biała (*Populus alba*), czeremcha zwyczajna (*Padus avium*). W warstwie krzew rozpoznano kalinę koralową (*Viburnum opulus*), wierzyby (*Salix* sp.), kruszynę pospolitą (*Frangula alnus*), porzeczka czarna (*Ribes nigrum).* Runo jest bardzo dobrze rozwinięte. Występują tu głównie gatunki roślin typowe dla lasu łęgowego. Należą do nich: pokrzywa zwyczajna (*Urtica dioica*), tojeść pospolita (*Lysimachia vulgaris*), przytulia czepna (*Galium aparine*), gajowiec żółty (*Galeobdolon luteum*), czartawa pospolita (*Circea lutetiana*), niecierpek pospolity (*Impatiens noli-tangere*), śledzienica skrętolistna (*Chrysosplenium alternifolium*), gwiazdnica gajowa (*Stellaria nemorum*). Do lasu łęgowego wkraczają także gatunki roślin ze zbiorowisk szuwarowych. Np. kosaciec żółty (*Iris pseudoacorus*).

W północnej części opracowania znajduje się fragment boru mieszanego. Dominującym gatunkiem jest sosna zwyczajna (*Pinus sylvestris*), brzoza brodawkowata (*Betula pendula*) oraz topola biała (*Populus alba*). W warstwie krzewów rośnie sosna zwyczajna oraz brzoza. W runie rozpoznano dominację traw kostrzewa czerwona (*Festuca rubra*), kostrzewa owcza (*Festuca ovina*). kosmaczek jastrzębiec (*Hieracium pilosella*).

Na terenie opracowania znajdują się naturalne zbiorniki wodne. Stanowią one miejsce występowania zbiorowisk wodnych i przywodnych. Rozpoznano m.in. następujące gatunki roślin: włosienicznik krążkolistny *(Rannunculetum circinati)*, szczaw wodny (*Rumex hydrolapathum*), sit (*Juncus effusus*), turzyca zaostrzona *(Carex gracilis)*, turzyca błotna (*Carex acutiformis)*, tatarak zwyczajny (*Acorus calamus*), marek szerokolistny (*Sium latifolium*).

Roślinność szuwarowa jest reprezentowana przede wszystkim przez zbiorowiska wielkoturzycowe np. szuwar turzycy zaostrzonej (*Caricietum gracilis*) w sąsiedztwie zbiorników wodnych, z woda stojącą. Turzyca zaostrzoną jest głównym gatunkiem w tym zbiorowisku. Wyróżniono także domieszkę gatunków tj. tojeść bukietowa (*Lysimachia thyrsiflora*), przytulia błotna (*Galium palustre*).

Ryc.16. Łęg jesionowo-olszowy w południowej części opracowania terenu.

Ryc.17. Widok na naturalny zbiornik wodny z roślinnością wodną i przywodną.

Roślinność o charakterze półnaturalnym zajmuje największy teren opracowania. Reprezentują ją łąki zmiennowilgotne bardzo wilgotne i wilgotne oraz murawy napiaskowe z mozaiką zbiorowiska trzcinnika piaskowego. Łąki zmiennowilgotne należą do rzędu *Molinetalia*. Rozpoznano m.in. takie gatunki jak: wyczyniec łąkowy (*Alopecurus pratensis*), przytulia północna *(Galium boreale)*, jaskier płomiennik (*Ranunculus flammula*), rzeżucha łąkowa (*Cardamine pratensis)*,sit rozpierchły *(Juncus effusus)*, kosaciec syberyjski (*Iris pseudacorus*), pełnik europejski (*Trollius eurpaeus)*, gwiazdnica błotna (*Stellaria palustris)*, turzyca orzęsiona (*Carex hirta*), firletka poszarpana (*Lychnis flos-cuculi*), niezapominajka błotna (*Myosotis palustris*). Łąki te znajdują się głównie w części zachodniej i południowej opracowania. Wyróżnia je znaczny udział gatunków preferujący stanowiska wilgotne, z wysokim poziomem wód gruntowych. Znajdują się tutaj także łąki zmiennowilgotne określone jako wariant suchszy, ze względu na niższy poziom wód gruntowych oraz mniej wilgotnie siedlisko. Gatunkami wskaźnikowymi, które potwierdzają te inne warunki środowiska abiotycznego są m.in takie rośliny jak trzcinnik piaskowy (*Calamagrostis epigejos*), kostrzewa czerwona (*Festuca rubra*), czy poziomka (*Fragaria vesca*). Mniejszy jest udział procentowy gatunków preferujących bardzo wilgotne stanowiska.

Łąki zmiennowilgotne - wariant wilgotny, znajdują się w sąsiedztwie muraw napiaskowych. Murawy napiaskowe preferują stanowiska nasłonecznione z niskim poziomem wód gruntowych. Na terenie z murawami piaskowymi występuje w formie mozaiki zbiorowisko trzcinnika piaskowego (*Calamagrostietum epigei*), który jest typowy dla dolin rzecznych, gdzie występują gleby piaszczyste.

Murawy napisakowe szczotlichowe charakteryzują się następującymi gatunkami roślin: szczotlicha sina (*Corynopherus canescens*), sporek wiosenny (*Spergula morisonii)*, chroszcz nagołodygowy (*Teesdalea nudicaulis)*, przetacznik Dillena, (*Veronica dilleni*), czerwiec trwały (*Scleranthus perennis)*, zawciąg pospolity (*Armeria maritima)*, rogownica polna (*Cerarstium arvense*), kostrzewa owcza (*Festuca ovina)*, jastrzębiec kosmaczek (*Hieracium pillosella)*, mietlica pospolita (*Agrostis capillaris)*, łyszczec baldachogronowy (*Gypsophilla fastigiata*), rozchodnik ostry *(Sedum acre)*.

Ryc. 18. Murawy napiaskowe ze znacznym udziałem szczotlich sinej (*Corynopherus canescens*).

Zbiorowisko trzcinnika piaskowego zajmuje niewielkie powierzchnie i "przeplata" się z murawami napiaskowymi oraz łąkami zmiennowilgotnymi. Oprócz trzcinnika pisakowego (*Calamagrostis epigejos*) rozpoznano także poziomkę (*Fragaria vesca*), niezapominajkę leśną (*Myosotis sylvatica*), turzyca owłosiona (*Carex hirta*), wiesiołka dwuletniego (*Oenothera biennis*).

W południowej części opracowania i w zachodniej znajdują się także łąki zmiennowilgotne ale z większym udziałem roślinności synantropijnej. Łąka ta znajduje się w sąsiedztwie nieutwardzonej drogi, która jest użytkowana, głownie przez lokalnych mieszkańców oraz właścicieli domków letniskowych.

Zadrzewienia i zakrzewienia

Na terenie opracowania wyróżniono zardzewienia pojedyncze (solitery), grupowe a także przywodne oraz las. Na terenie bardziej wilgotnym (zachodnia, centralna i południowa część opracowania) zadrzewiane są utworzone przez topolę białą (*Populus alba*), wierzby wąskolistne *Salix* sp., olsze czarną (*Alnus inacanae*). W części wschodniej i centralnej dominuje sosna zwyczajna (*Pinus sylvestris*), która rośnie jako soliter, lub jako zadrzewienie grupowe z domieszką inny gatunków liściastych. Zakrzewienia utworzone są głównie z wierzb, które stanowią również domieszkę w zadrzewieniach grupowych. Zakrzewienia z wierzb występują również w sąsiedztwie łęgów w części południowej terenu opracowania. Zadrzewienia przywodne są najbardziej zróżnicowane gatunkowe. Dominują tutaj gatunki liściaste, tj. topola biała (*Populus alba*), olsza czarna (*Alnus incana*), wierzby (*Salix* sp). Ta forma zadrzewień pełni istotną dominantę w krajobrazie, zwłaszcza, iż topole bardzo często są okazałymi drzewami. Stan zdrowotny zadrzewień jest określony jako bardzo dobry. Wszystkie gatunki drzew to gatunki rodzime, zgodne z naturalnym siedliskiem. Las jest reprezentowany przez łęg olszowo-jesionowy oraz bór mieszany (opisane w części fitosocjologicznej).

Ryc. 19. Zadrzewienia pojedyncze.

Ryc. 20. Zadrzewienia grupowe.

Na terenie opracowania dominują gatunki rodzime. Śladowy udział gatunków obcych, niezgodnych z siedliskiem zaobserwowano wzdłuż nieutwardzonych dróg, gdzie wzmożona jest działalność człowieka.

Siedliska Natura 2000 i gatunki chronione

Łęg jesionowo-olszowy (*Fraxino-Alnetum*) (Natura 2000 - kod 91E0-3) - klasa *Querco-Fagetea*, rząd *Fagetalia sylvaticae*, związek *Alno-Ulmion*.

Łęg ten występuje w dolinach mniejszych rzek, wolno płynących. Preferują gleby mułowe lub torfowo-mułowe, murszowe i murszowate, mady rzeczne, właściwe lub próchniczne. W niniejszym opracowaniu znajduje się w sąsiedztwie niewielkiego cieku wodnego (szczegółowy opis w części "Inwentaryzacja fitosocjologiczna").

Na terenie opracowania rozpoznano dwa gatunki chronione: włosienicznik krążkowy *(Rannunculetum circinati)*, okrężnica bagienna (*Hottonia palustris)* w naturalnych dwóch zbiornikach wodnych, zaklasyfikowanych do siedlisk Natura 2000.

Aktualny stan zachowania szaty roślinnej, gatunki rodzime i obce na badanym terenie

Stan szaty roślinnej na badanym terenie jest dobry. Wyróżnione zbiorowiska roślinne charakteryzują się typowymi dla nich gatunkami roślin. Ich struktura pionowa i pozioma jest prawidłowo wykształcona. Na terenie opracowania rozpoznano pojedyncze gatunki roślin zaklasyfikowane jako obce. Ich śladowy udział znajduje się na terenie łąk zmienno wilgotnych w sąsiedztwie dróg nieutwardzonych - południowa i zachodnia część opracowania. Wśród gatunków obcych stwierdzono gatunki typowe dla muraw dywanowych tj. babka zwyczajna (*Plantago major*), czy wiechlina roczna (*Poa annua*). Są to gatunki występujące na terenach użytkowanych przez człowieka np tereny deptane. Na tym terenie są to nieutwardzone drogi, w części południowej i zachodniej. Udział tych gatunków jest bardzo mały, o czym świadczy, iż badany teren ma dużo cech naturalnych i jest znikomo użytkowany przez człowieka.

Wyróżnienie priorytetowych ostoi przyrodniczych na terenie opracowania

Ostoje przyrodnicze pełnią bardzo ważną rolę w krajobrazie otwartym. Stanowią one miejsca największej bioróżnorodności roślin, zwierząt, ptaków, oraz są jednym z najważniejszych elementów w systemie przyrodniczym danego obszaru. Powinny być włączone do korytarzy ekologicznych. Dzięki nim jest możliwość zachowania cennych rodzimych gatunków roślin, zgodnych z naturalnym siedliskiem.

Na terenie opracowania wyróżniono kilka priorytetowych ostoi przyrodniczych. Należą do nich las łęgowy w części południowej i wschodniej oraz naturalne zbiorniki wodne z fragmentem roślinności łęgowej. Dwa naturalne zbiorniki wodne znajdują się w części zachodniej terenu, trzy w sąsiedztwie lasu łęgowego w części południowej i wschodniej. Las łęgowy charakteryzuje się dużą różnorodnością gatunkową (opis w części "Inwentaryzacja fitosocjologiczna" i zbiorowiska "Natura 2000"). Stanowi on biocentrum zachowania cennych rodzimych gatunków roślin, związanych przede wszystkim z wilgotnym siedliskiem. Ponadto pełni on role również korytarza ekologicznego, głównie do migracji zwierząt. Istniejące zbiorniki wodne mają bardzo ważne znaczenie w krajobrazie dolinnym. Zbiorniki wodne jako "wodno-zielone" wyspy w krajobrazie stanowią także miejsca zachowania różnych gatunków roślin związanych przede wszystkim z siedliskiem wodnym. Rosną tutaj wodne jak i przywodne gatunki roślin, a także fragmenty lasu łęgowego (zadrzewienia przywodne) w sąsiedztwie dwóch zbiorników wodnych w części zachodniej ternu opracowania. Ostoje te powinny być zachowane w celu utrzymania bioróżnorodności i równowagi w systemie przyrodniczym badanego terenu.

Rola istniejących zbiorowisk roślinnych w systemie ekologicznych w skali regionu

Teren opracowania położony jest na terenie Warszawskiego Obszaru Chronionego Krajobrazu. W jego najbliższym sąsiedztwie nie ma obszarów chroniony najwyższej rangi, tj. parki narodowe, rezerwaty, czy obszary Natura 2000. Należy zaznaczyć iż za rzeką Narew na północnym -wschodzie znajdują się obszary Natura 2000 - SOO, zaś na zachodzie Rezerwat Pomiechówek.

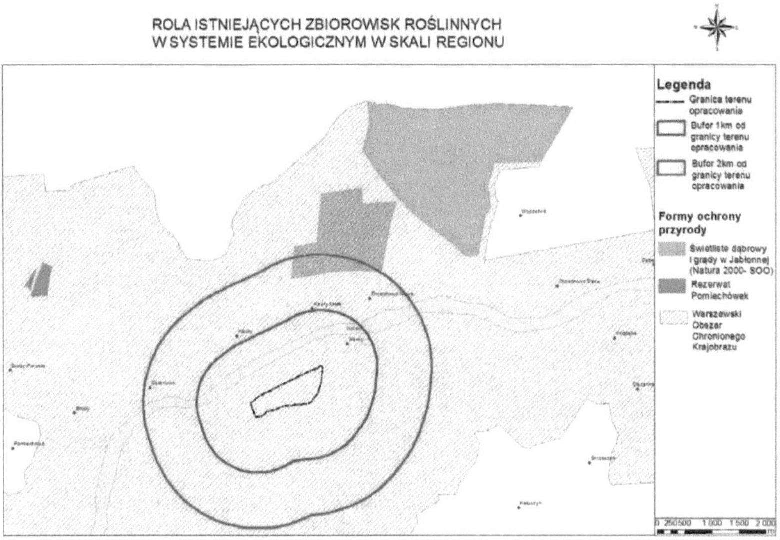

Ryc. 21. Rola zbiorowisk roślinnych w systemie ekologicznym regionu (opracował Maciej Żołnierczuk)

Na terenie opracowania największe znaczenie w systemie ekologicznym w skali regionu mają zbiorowiska leśne łęgowe oraz roślinność wodna i przywodna w sąsiedztwie małych zbiorników wodnych. Lasy łęgowe jesionowo-olszowe są to unikatowe zbiorowiska Natura 2000, które "zanikają" w krajobrazie Polski, ze względu na działalność człowieka głownie związaną z osuszaniem terenów. Każdy obszar, bez względu na jego wielkość ze zbiorowiskiem łęgowym powinien być objęty ochroną w celu zachowania właściwego składu gatunkowego w tym siedlisku. "Oczka wodne", jako małe naturalne zbiorniki wodne stanowią bioróżnorodność gatunków wodnych, przywodnych a także leśnych. Są także habitatem dla ptaków. Pełnią one rolę ostoi bioróżnorodności i powinny być zachowane w krajobrazie otwartym. Ponadto ostoje te należy włączyć do systemu ekologicznego danego obszaru, poprzez właściwe kształtowanie systemu przyrodniczego.

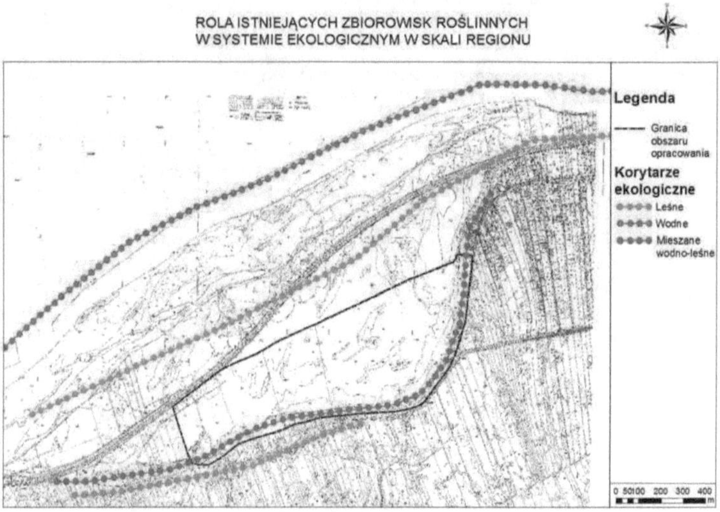

Ryc. 22. Rola istniejących zbiorowisk roślinach w systemie ekologicznym w skali regionu(opracował Maciej Żołnierczuk)

Określenie wpływu inwestycji na zachowanie istniejących korytarzy ekologicznych

Prognozuje się przekształcenie terenu polegających między innymi na dopuszczeniu zabudowy na terenach dotychczas niezainwestowanych oraz zmiany, które mogą dotyczyć przede wszystkim stosunków wodnych, a tym samym zmiany siedliska. Wszystkie etapy pracy związane z nową inwestycją powinny być tak realizowane, aby nie zmienić naturalnych warunków siedliskowych lasu jesionowo-olszowego w części południowej i wschodniej terenu opracowania, oraz naturalnych zbiorników wodnych wraz z fragmentami lasu łęgowego. Las łęgowy jest istotnym korytarzem ekologicznym, zaś naturalne zbiorniki wodne z fragmentami łęgów stanowią ostoje przyrodnicze.

Istniejący łęg jesionowo-olszowych w sąsiedztwie małego cieku pełni ważną role korytarza ekologicznego o charakterze leśno-wodnym na terenie opracowania. Korytarz ekologiczny uwzględnia przede wszystkim ekosystem leśny, ale także ekosystemy wodne i szuwarowe.

Stanowią ważny ciąg ekologiczny zachowujący bioróżnorodność gatunkową. Stanowi on ostoję przyrodniczą dla wielu gatunków roślin (otrzymane wyniki badań) oraz prawdopodobne dla zwierząt i ptaków. Łęgi pełnią funkcję bariery biogeochemicznej dla spływów z otoczenia. Ze względu na małe przekształcenia szaty roślinnej na terenie opracowania łęg ten ma naturalny charakter. Ponadto zbiorowisko to jest źródłem owadów dla lokalnych ptaków. Bardzo ważna jest rola korzeni olszy, które kształtują brzeg cieku.

Łęgi jesionowo-olszowe są jednym z najbogatszych florystycznie oraz faunistycznie zbiorowisk leśnych w Europie. Kolejna ważna ich rola to stabilizacja stosunków wodnych. Lasy te są naturalnym elementem wpływającym na naturalną retencję wodną.

Lasy łęgowe jak i naturalne zbiorniki wodne z roślinnością pełnią ważną role w systemie przyrodniczym badanego ternu, jak i jego sąsiedztwa.

Opis przewidywanych działań mających na celu zapobieganie, ograniczenie lub kompensację negatywnych oddziaływań na środowisko.

Na terenie opracowania stwierdzono występowanie cennych zbiorowisk roślinnych związanych z siedliskiem wodnym i przywodnym. Należą do nich las łęgowy i zadrzewienia łęgowe w sąsiedztwie zbiorników naturalnych oraz roślinność wodna i przywodna. Potencjalne zagrożenia związane są przede wszystkim z zaburzeniem stosunków wodnych, co może wpłynąć na degradację najcenniejszych zbiorowisk łęgowych, roślinności wodnej i przywodnej w naturalnych zbiornikach wodnych. Łęg jesionowo-olszowy jest bardzo wrażliwy na działalność antropogeniczną, związaną ze zmianami warunków siedliskowych. dotyczy to przede wszystkim zmiany poziomu wód gruntowych. W sytuacji obniżenia poziomu wód runowych należy spodziewać się zaniku gatunków charakterystycznych i zaczną rosną gatunki grądowe. Jest to tzw. proces grądowienia. Dalsze przesuszenie, trwające kilka lat doprowadzi do zmiany składu gatunków nie tylko w warstwie runa, ale także krzewów i drzew. Efektem końcowym będzie przekształcenie zbiorowiska łęgowego w grądowe. Zagrożeniem jest także nadmierne uwilgotnienie podłoża, w konsekwencji czego rozpocznie się proces olsowienia i zabagnienia. Zostanie utworzone siedlisko sprzyjające roślinności bagiennej i olsowej. Efekt końcowy to także przekształcenie istniejącego zbiorowiska łęgowego. W trakcie realizacji inwestycji zagrożeniem jest zmiana profilu glebowego, a w konsekwencji powstanie gruntów antropogenicznych, a także całkowite wyłączenie niewielkich obszarów z obiegu materii na skutek ich zabudowania.

Projekt zabudowy powinien uwzględniać zabudowę jednorodzinną, luźna. Przestrzeń wokół zabudowy powinna być uzupełniona nasadzeniami roślin. Przy nasadzeniach gatunków roślin należy unikać gatunków obcych, silnie ekspansywnych, które mogą zaburzyć naturalne ekosystemy. Zalecane jest wprowadzanie gatunków rodzimych, które będą stanowić naturalną ostoją dla ptaków, małych ssaków i owadów. Korzystne będzie również zwiększenie ilości szpalerów drzew wzdłuż lokalnych ciągów komunikacyjnych Ponadto zabronione jest wprowadzania nawierzchni utwardzonych, które uszczelniają podłoże. Rezultatem jest zmniejszenie influkcji wody w głąb gleby a tym samy zwiększenie odpływu z danego terenu. W celu realizacji zaplanowanej inwestycji należy dokonać szczegółowych analiz hydrologicznych, wymagających konkretnych rozwiązań planistycznych, aby zachować istniejące stosunki wodne. Zalecany jest systematyczny monitoring kontroli stanu lasu łęgowego i naturalnych zbiorników wodnych. W ramach kompensacji negatywnych skutków związanych w nową inwestycją zalecane jest kształtowanie lokalnych powiązań przyrodniczych, korytarzy ekologicznych zachowanie istniejących ekosystemów w możliwie niezmienionym stanie. Korytarze ekologiczne umożliwiają migrację zwierząt. W trakcie analiz dotyczących szaty roślinnej stwierdzono występowanie zwierząt np sarny, dziki, jelenie, o czym świadczą liczne ślady oraz odchody na badanym terenie inwestycyjnym. Ważna jest działalność proekologiczna związana z wprowadzaniem gatunków rodzimy przez potencjalnych użytkowników (mieszkańców) tego terenu. Naturalne zbiorniki wodne powinny być również udostępnione ludziom, poprzez racjonalne zagospodarowanie np.

zaprojektowanie kładek czy ścieżek wraz z tablicami dydaktycznymi. Utrzymanie jak największej liczby istniejących zadrzewień, będzie miała wpływ na zachowanie różnorodność a także korzystnych warunków mikrokliamtycznych.

4. Ekspertyza 3: Analiza szaty roślinnej w paku pry ul. Niegocińskiej w Warszawie (Beata Fornal-Pienika, Karolina Kuszlis-Mielniczuk)

Na terenie przyszłego parku przy ul. Niegocińskiej znajduje się liczny i wiekowy drzewostan. Celem analizy roślinności było rozpoznanie stanu zdrowotności drzewostanu, struktury gatunkowej oraz przestrzennej. Rozpatrywanie tych aspektów pozwoliło na dokonanie gospodarki drzewostanu oraz zaprojektowanie nowych nasadzeń uzupełniających istniejącą roślinność na opracowywanym terenie. Z racji braku występowania roślinności krzewiastej oraz okrywowej w oddzielnym punkcie niniejszego rozdziału poddano analizie trawniki znajdujące się na opracowywanym terenie.

Inwentaryzacja drzewostanu

Etapem poprzedzającym wszelkie analizy było zinwentaryzowani roślinności. Ponieważ teren przy ul Niegocińskiej nie obejmuje swym zasięgiem żadnych miejsc pokrytych roślinnością krzewiastą lub okrywową inwentaryzacja zawiera jedynie drzewa. W tabeli inwentaryzacyjnej drzew podano następujące informacje: nazwę łacińską, nazwę polską, obwód pnia na wysokości 1,30 m, średnicę korony, przybliżoną wysokość drzew, ocenę stanu zdrowotnego oraz zalecenia odnośnie gospodarki drzewostanem. Inwentaryzację zawiera Tabela 2 – Inwentaryzacja drzewostanu oraz załącznik 1 – Inwentaryzacja drzewostanu.

Tabela 16. Inwentaryzacja drzewostanu

L. p.	Nazwa łacińska	Nazwa polska	Obwód pnia [cm]*	Średnica korony [m]	Wysokość [m]	Stan zdrowotny**	Zalecenia adaptacja (a) / pielęgnacja (p) / karczowanie (k)
1	*Acer pseudoplatanus*	klon jawor	60	8	8	średni	p
2	*Acer pseudoplatanus*	klon jawor	108	10	8	dobry	p
3	*Tilia cordata*	lipa drobnolistna	164	12	9	bardzo dobry	a
4	*Acer platanoides*	klon pospolity	142	15	9	bardzo dobry	a
5	*Tilia cordata*	lipa drobnolistna	130	10	9	bardzo dobry	a
6	*Tilia cordata*	lipa drobnolistna	138	15	10	bardzo dobry	a
7	*Tilia cordata*	lipa drobnolistna	133	9	10	bardzo dobry	a
8	*Tilia cordata*	lipa drobnolistna	82,89,70	8	9	bardzo dobry	a
9	*Ailanthus altissima*	bożodrzew gruczołkowaty	93	7	8	średni	p
10	*Acer*	klon jawor	122	15	9	średni	p

	pseudoplatanus						
11	*Acer pseudoplatanus*	klon jawor	81,65	7	9	średni	p
12	*Acer pseudoplatanus*	klon jawor	80	5	8	średni	p
13	*Acer pseudoplatanus*	klon jawor	128	10	10	dobry	p
14	*Acer saccharinum*	klon srebrzysty	150	15	12	bardzo dobry	a
15	*Acer pseudoplatanus*	klon jawor	135	9	10	bardzo dobry	a
16	*Tilia cordata*	lipa drobnolistna	170	12	12	dobry	a
17	*Tilia cordata*	lipa drobnolistna	106,(118)	10	10	dobry	p
18	*Tilia cordata*	lipa drobnolistna	125	9	11	dobry	p
19	*Tilia cordata*	lipa drobnolistna	102	7	9	bardzo dobry	a
20	*Acer pseudoplatanus*	klon jawor	97,123,98	15	15	bardzo dobry	a
21	*Acer pseudoplatanus*	klon jawor	126	10	15	dobry	p
22	*Tilia cordata*	lipa drobnolistna	113	6	8	średni	p
23	*Tilia cordata*	lipa drobnolistna	72	5	8	średni	p
24	*Sorbus aucuparia*	jarząb pospolity	75	4	6	średni	p
25	*Tilia cordata*	lipa drobnolistna	122	6	15	dobry	p
26	*Tilia cordata*	lipa drobnolistna	105	6	15	dobry	p

27	*Tilia cordata*	lipa drobnolistna	146	10	15	dobry	p
28	*Acer pseudoplatanus*	klon jawor	136	8	15	dobry	p
29	*Acer pseudoplatanus*	klon jawor	180	8	15	dobry	p
30	*Acer pseudoplatanus*	klon jawor	93	6	15	dobry	p
31	*Acer pseudoplatanus*	klon jawor	108	5	15	dobry	p
32	*Tilia cordata*	lipa drobnolistna	74	3	15	dobry	p
33	*Acer pseudoplatanus*	klon jawor	80, 76, 69,70	5	15	dobry	p
34	*Acer pseudoplatanus*	klon jawor	91	5	15	dobry	p
35	*Sorbus intermedia*	jarząb szwedzki	115	6	13	bardzo dobry	a
36	*Sorbus intermedia*	jarząb szwedzki	125	6	14	bardzo dobry	a
37	*Sorbus intermedia*	jarząb szwedzki	125	6	14	bardzo dobry	a
38	*Sorbus intermedia*	jarząb szwedzki	122	6	13	bardzo dobry	a
39	*Sorbus intermedia*	jarząb szwedzki	150	6	14	bardzo dobry	a
40	*Acer*	klon jawor	86	5	15	dobry	p

	pseudoplatanus						
41	*Tilia cordata*	lipa drobnolistna	62	5	15	dobry	p
42	*Acer pseudoplatanus*	klon jawor	147	8	15	średni	p
43	*Ailanthus altissima*	bożodrzew gruczołkowaty	101	6	15	średni	p
44	*Acer pseudoplatanus*	klon jawor	197	10	15	średni	p
45	*Acer pseudoplatanus*	klon jawor	64	5	15	średni	p
46	*Acer pseudoplatanus*	klon jawor	120	8	16	średni	p
47	*Ailanthus altissima*	bożodrzew gruczołkowaty	94	8	16	średni	p
48	*Sorbus intermedia*	jarząb szwedzki	170	10	16	dobry	p
49	*Sorbus intermedia*	jarząb szwedzki	157	8	16	dobry	p
50	*Tilia platyphyllos*	lipa szerokolistna	109	6	16	dobry	p
51	*Tilia platyphyllos*	lipa szerokolistna	46	3	16	dobry	p
52	*Tilia platyphyllos*	lipa szerokolistna	92	6	16	dobry	p
53	*Ailanthus altissima*	bożodrzew gruczołkowaty	99	5	16	średni	p
54	*Acer pseudoplatanus*	klon jawor	90,88,82	8	16	średni	p

55	*Acer pseudoplatanus*	klon jawor	160	8	16	dobry	p
56	*Tilia platyphyllos*	lipa szerokolistna	90	5	16	średni	p
57	*Ailanthus altissima*	bożodrzew gruczołkowaty	90	7	16	średni	p
58	*Acer pseudoplatanus*	klon jawor	111	6	16	średni	p
59	*Acer pseudoplatanus*	klon jawor	122 (76)	8	16	średni	p
60	*Ailanthus altissima*	bożodrzew	78	6	16	średni	p
61	*Acer pseudoplatanus*	klon jawor	262	10	16	średni	p
62	*Ailanthus altissima*	bożodrzew gruczołkowaty	120	8	16	średni	p
63	*Acer pseudoplatanus*	klon jawor	62	6	16	średni	p
64	*Ailanthus altissima*	bożodrzew gruczołkowaty	92	6	16	średni	p
65	*Acer pseudoplatanus*	klon jawor	86	4	16	średni	p
66	*Acer pseudoplatanus*	klon jawor	80,(59)	5	16	średni	p
67	*Tilia cordata*	lipa drobnolistna	58	1,5	16	średni	p
68	*Ailanthus*	bożodrzew	92	3	16	średni	p

	altissima	gruczołkowaty					
69	*Ailanthus altissima*	bożodrzew gruczołkowaty	90	4	16	średni	p
70	*Ailanthus altissima*	bożodrzew gruczołkowaty	88	5	16	średni	p
71	*Ailanthus altissima*	bożodrzew gruczołkowaty	91	6	16	średni	p
72	*Acer pseudoplatanus*	klon jawor	86	6	16	dobry	p
73	*Acer pseudoplatanus*	klon jawor	81	5	16	dobry	p
74	*Acer pseudoplatanus*	klon jawor	80	6	16	dobry	p
75	*Acer pseudoplatanus*	klon jawor	92	6	16	dobry	p
76	*Acer pseudoplatanus*	klon jawor	95	5	16	dobry	p
77	*Acer pseudoplatanus*	klon jawor	84	5	16	dobry	p
78	*Ailanthus altissima*	bożodrzew gruczołkowaty	96	6	12	średni	p
79	*Ailanthus altissima*	bożodrzew gruczołkowaty	82	6	12	średni	p
80	*Acer pseudoplatanus*	klon jawor	84	5	12	średni	p

81	*Acer pseudoplatanus*	klon jawor	90	4	12	średni	p
82	*Acer pseudoplatanus*	klon jawor	77	5	12	średni	p
83	*Acer pseudoplatanus*	klon jawor	78	5	12	średni	p
84	*Acer pseudoplatanus*	klon jawor	84	6	12	średni	p
85	*Acer pseudoplatanus*	klon jawor	89	6	12	średni	p
86	*Acer pseudoplatanus*	klon jawor	80	5	12	średni	p
87	*Acer pseudoplatanus*	klon jawor	75	6	12	średni	p
88	*Ailanthus altissima*	bożodrzew gruczołkowaty	86	7	10	średni	p
89	*Tilia cordata*	lipa drobnolistna	68	6	10	dobry	p
90	*Tilia cordata*	lipa drobnolistna	63	5	10	dobry	p
91	*Tilia cordata*	lipa drobnolistna	70	6	10	dobry	p
92	*Tilia cordata*	lipa drobnolistna	72	3	10	dobry	p
93	*Ailanthus altissima*	bożodrzew gruczołkowaty	80	6	10	dobry	p
94	*Acer pseudoplatanus*	klon jawor	83	5	10	dobry	p
95	*Ailanthus*	bożodrzew	78	5	10	dobry	p

	altissima	gruczołkowaty					
96	*Acer pseudoplatanus*	klon jawor	81	5	10	dobry	p
97	*Acer pseudoplatanus*	klon jawor	82	5	10	dobry	p
98	*Acer pseudoplatanus*	klon jawor	78	6	10	dobry	p
99	*Quercus robur*	dąb szypułkowy	80	5	10	dobry	p
100	*Tilia cordata*	lipa drobnolistna	88	5	10	dobry	p
101	*Sorbus intermedia*	jarząb szwedzki	120	6	10	dobry	p
102	*Sorbus intermedia*	jarząb szwedzki	112	5	10	dobry	p
103	*Tilia cordata*	lipa drobnolistna	90	8	10	dobry	p
104	*Tilia cordata*	lipa drobnolistna	80,59	3	10	dobry	p
105	*Tilia cordata*	lipa drobnolistna	77	4	10	dobry	p
106	*Acer pseudoplatanus*	klon jawor	80	7	14	średni	p
107	*Tilia cordata*	lipa drobnolistna	90	5	12	średni	p
108	*Tilia cordata*	lipa drobnolistna	78	5	12	średni	p
109	*Tilia cordata*	lipa drobnolistna	80	3	12	średni	p
110	*Tilia cordata*	lipa drobnolistna	86	4	12	średni	p
111	*Ailanthus altissima*	bożodrzew gruczołkowaty	90	6	14	średni	p
112	*Tilia cordata*	lipa drobnolistna	80	5	12	dobry	p

113	*Tilia cordata*	lipa drobnolistna	85	5	12	dobry	p
114	*Tilia cordata*	lipa drobnolistna	78	5	12	dobry	p
115	*Tilia cordata*	lipa drobnolistna	80	5	12	dobry	p
116	*Ailanthus altissima*	bożodrzew gruczołkowaty	97	3	15	średni	p
117	*Ailanthus altissima*	bożodrzew gruczołkowaty	99	3	15	średni	p
118	*Ailanthus altissima*	bożodrzew gruczołkowaty	89	3	15	średni	p
119	*Ailanthus altissima*	bożodrzew gruczołkowaty	83	3	15	średni	p
120	*Ailanthus altissima*	bożodrzew gruczołkowaty	92	3	15	dobry	p
121	*Ailanthus altissima*	bożodrzew gruczołkowaty	84	3	15	średni	p
122	*Ailanthus altissima*	bożodrzew gruczołkowaty	95	3	15	średni	p
123	*Ailanthus altissima*	bożodrzew gruczołkowaty	98	5	15	średni	p
124	*Ailanthus altissima*	bożodrzew gruczołkowaty	83	5	15	dobry	p
125	*Ailanthus altissima*	bożodrzew gruczołkowaty	99	5	15	średni	p
126	*Ailanthus altissima*	bożodrzew gruczołkowaty	96	5	15	średni	p

127	*Ailanthus altissima*	bożodrzew gruczołkowaty	89	5	15	dobry	p
128	*Ailanthus altissima*	bożodrzew gruczołkowaty	97	8	15	dobry	p
129	*Ailanthus altissima*	bożodrzew gruczołkowaty	81	4	15	dobry	p
130	*Ailanthus altissima*	bożodrzew gruczołkowaty	97	4	15	średni	p
131	*Ailanthus altissima*	bożodrzew gruczołkowaty	93	4	15	dobry	p
132	*Ailanthus altissima*	bożodrzew gruczołkowaty	94	4	15	dobry	p
133	*Ailanthus altissima*	bożodrzew gruczołkowaty	91	4	15	dobry	p
134	*Ailanthus altissima*	bożodrzew gruczołkowaty	98	4	15	średni	p
135	*Ailanthus altissima*	bożodrzew gruczołkowaty	90	3	15	średni	p
136	*Ailanthus altissima*	bożodrzew gruczołkowaty	89	3	15	dobry	p
137	*Sorbus intermedia*	jarząb szwedzki	93	4	9	dobry	p
138	*Sorbus intermedia*	jarząb szwedzki	91	4	8	dobry	p
139	*Sorbus*	jarząb szwedzki	88	4	9	dobry	p

	intermedia						
140	*Sorbus intermedia*	jarząb szwedzki	87	4	9	dobry	p
141	*Acer pseudoplatanus*	klon jawor	90	8	14	średni	p
142	*Sorbus aucuparia*	jarząb pospolity	91	3	7	dobry	p
143	*Sorbus aucuparia*	jarząb pospolity	95	4	7	dobry	p
144	*Acer pseudoplatanus*	klon jawor	94	6	14	dobry	p
145	*Acer pseudoplatanus*	klon jawor	87	9	14	dobry	p
146	*Acer pseudoplatanus*	klon jawor	84	9	14	dobry	p
147	*Acer pseudoplatanus*	klon jawor	90	9	14	dobry	p
148	*Ailanthus altissima*	bożodrzew gruczołkowaty	89	6	17	dobry	p
149	*Ailanthus altissima*	bożodrzew gruczołkowaty	89	6	16	dobry	p
150	*Ailanthus altissima*	bożodrzew gruczołkowaty	90	5	17	dobry	p
151	*Ailanthus altissima*	bożodrzew gruczołkowaty	85	3	17	dobry	p
152	*Ailanthus altissima*	bożodrzew gruczołkowaty	86	3	17	dobry	p

153	*Ailanthus altissima*	bożodrzew gruczołkowaty	98	3	17	dobry	p
154	*Ailanthus altissima*	bożodrzew gruczołkowaty	89	5	17	dobry	p
155	*Ailanthus altissima*	bożodrzew gruczołkowaty	90	6	15	dobry	p
156	*Ailanthus altissima*	bożodrzew gruczołkowaty	91	3	15	dobry	p
157	*Ailanthus altissima*	bożodrzew gruczołkowaty	94	3	15	dobry	p
158	*Acer pseudoplatanus*	klon jawor	86	6	15	dobry	p
159	*Ailanthus altissima*	bożodrzew gruczołkowaty	83	4	115	dobry	p
160	*Acer pseudoplatanus*	klon jawor	89	5	14	dobry	p
161	*Ailanthus altissima*	bożodrzew gruczołkowaty	96	3	15	dobry	p
162	*Acer pseudoplatanus*	klon jawor	90	6	12	dobry	p
163	*Ailanthus altissima*	bożodrzew gruczołkowaty	83	6	15	średni	p
164	*Acer pseudoplatanus*	klon jawor	95	4	14	średni	p
165	*Acer*	klon jawor	96	4	14	dobry	p

	pseudoplatanus						
166	*Acer pseudoplatanus*	klon jawor	90	5	14	dobry	p
167	*Acer pseudoplatanus*	klon jawor	81	5	14	dobry	p
168	*Ailanthus altissima*	bożodrzew gruczołkowaty	93	4	16	dobry	p
169	*Acer pseudoplatanus*	klon jawor	95	5	14	dobry	p
170	*Ailanthus altissima*	bożodrzew gruczołkowaty	86	4	16	dobry	p
171	*Ailanthus altissima*	bożodrzew gruczołkowaty	90	6	16	dobry	p
172	*Acer pseudoplatanus*	klon jawor	89	7	16	dobry	p

*mierzony na wysokości 1,3 m

** stan bardzo dobry - drzewo o dobrym stanie fizjologicznym, wolny od chorób grzybowych i sz żadnych zabiegów pielęgnacyjnych przez najbliższy rok

stan dobry- wymaga pielęgnacji, odrosty korzeniowe, stanowi barierę wzrokową, posusz do 20%, zagoj po odłamanych konarach

stan średni zdrowia - choroby grzybowe(np. hipertrofia) i pasożytnicze, drzewo zaatakowane przez wgłębne rany, posusz powyżej 20%, korzenie na wierzchu, słabo rozkrzewione egzemplarze, pień skręc

stan zły- gatunki zamierające, nie mające szans na rozwój w danym środowisku, przygłuszone przez in

puste pnie/ obłamane wierzchołki/ cięcia ogławiające, krzewy o posuszu powyżej 35%

Źródło: opracowanie własne

Struktura gatunkowa drzew

Na opracowywanym terenie znajdują się 172 drzewa, wśród których można wyróżnić 9 gatunków drzew. Większość z nich, bo aż 7 to gatunki rodzime: klon jawor, klon pospolity, lipa drobnolistna, lipa szerokolistna, jarząb pospolity, jarząb szwedzki oraz dąb szypułkowy. Tylko 2 gatunki spośród inwentaryzowanych drzew – bożodrzew gruczołkowaty oraz klon srebrzysty nie rosną w Polsce w stanie dzikim. Najliczniejszą grupę tworzy klon jawor w liczbie 61 sztuk. Znaczącym gatunkiem w przyszłym parku jest bożodrzew gruczołkowaty, gdyż rośnie tam aż 55 okazów. Istotną rolę w krajobrazie terenu przy ul. Niegocińskiej odgrywa 37 sztuk lipy, z czego 33 to lipa drobnolistna, a 4 lipa szerokolistna. Znacznie mniejsze znacznie mają jarzęby gdyż jest ich zaledwie 16 z czego 13 to jarzęby szwedzkie, a 3 jarzęby pospolite. Dodatkowo można spotkać pojedyncze egzemplarze następujących gatunków: klon pospolity, klon srebrzysty, dąb szypułkowy.

Analiza zdrowotności drzew

Większość drzew na terenie zieleni przy ul. Niegocińskiej to okazy kilkudziesięcioletnie. Są to zatem drzewa w średnim wieku, z których znaczna większość wymaga pielęgnacji. Z analizy zdrowotności drzewostanu wynika, że drzewa w bardzo dobrym stanie czyli nie wymagające pielęgnacji w ciągu najbliższego roku stanowią niewielki procent całego drzewostanu. Takich drzew jest zaledwie 15 na 172 co stanowi jedynie 8,7% całości. Jako stan dobry określono stan zdrowotny znacznej liczby drzew tj. 93 co stanowi 54% wszystkich okazów. Stan zdrowotny pozostałych 64 egzemplarzy drzew określono jako średni, co jest wskazówką do intensywnej pielęgnacji w najbliższych latach.

Struktura przestrzenna drzew

Pod względem struktury przestrzennej drzewostan jest rozmieszczony bardzo nierównomiernie. Największe skupiska drzew znajdują się w części północnej parku oraz w wzdłuż granicy zachodniej a także wzdłuż północnej części granicy wschodniej. Niewielka liczba drzew porasta środkowy fragment parku oraz południowa granicę terenu. Drzewa są cennym walorem tego terenu i nie należy w sposób nieprzemyślany się ich pozbywać. Jednak takie a nie inne ustawienie drzew wpływa na rozmieszczenie układu funkcjonalno - przestrzennego przyszłego parku.

Rozstawienie w przestrzeni pod względem gatunkowym jest różnorakie. Drzewa rosnące wzdłuż alei zachodniej i wschodniej są przemieszane i rosną tam najczęściej naprzemiennie dwa gatunki: bożodrzew gruczołkowaty oraz klon jawor. Co jakiś czas w tym zestawieniu pojawia się lipa drobnolistna oraz jarząb szwedzki. Podobna mieszanka gatunków występuję w północnej części poniżej granicy północnej parku. Natomiast aleja wzdłuż północnej granicy porośnięta jest jednogatunkowym dwurzędowym drzewostanem, który tworzy bożodrzew gruczołkowaty.

Trawniki

Trawniki występują na całym obszarze obiektu. Oprócz drzew to jedyna forma roślinności pokrywająca ten teren. W miejscach gdzie rosną drzewa oraz na przedeptach nie utrzymała się roślinność trawiasta i jest tam klepisko. Jakość trawników istniejących jest bardzo niska. Są one nierówne, zachwaszczone, przerzedzone w wielu miejscach co wynika z pewnością w błędów podczas zakładania trawników, dobrania nieodpowiedniej mieszanki oraz niedostatecznej pielęgnacji. Trawniki zatem nie nadają się do adaptacji w projekcie.

Drugi plac, mniejszy o bardzo nieregularnym kształcie to także wyasfaltowany teren, który obecnie spełnia funkcję miejsca do karmienia ptaków.

5. Ekspertyza 4: Analiza szaty roślinnej na polane w Lipkowie i w najbliższym otoczeniu dla potrzeb zaprojektowanie ścieżki dydaktycznej

(Beata Fornal-Pieniak, Paulina Goluch)

Okolice cieku Lipkowska Woda podobnie jak pozostała część polany nie są zagospodarowane, znajdują się tu obłamane konary, umożliwiające przedostanie się na drugi brzeg wody. Woda prowadzi z przedmieść Warszawy, w tym z okolic zwałowiska odpadów miejskich w Radiowie, dlatego jest znacznie zanieczyszczona związkami biogennymi. Jest tutaj wiele powalonych drzew, które umożliwiają przejście na drugą stronę. Po drugiej stronie rzeki jest niewielkie wzniesienie co jest dodatkowym walorem wizualnym tego miejsca. Swoje życie prowadzi tu wiele gatunków ptaków.

Analiza roślinności rzeczywistej sąsiedztwa

Największą powierzchnię terenu otaczającego Lipków na północ i wschód od polany zajmuje bór mieszany (*Querco-Pinetum*) (ryc. 16). Od zachodu występują również kompleksy segetalne upraw zbożowych (*Papaveretum argemones)*, za nimi rozciąga się obszar kontynentalnego boru mieszanego świeżego (*Peucedano-Pinetum*).

Analiza roślinności rzeczywistej i ukształtowania terenu obszaru opracowania

Teren polany to środowisko ciepłolubnej, śródlądowej murawy napiaskowej (*Koelerion glaucae*) , z głównym udziałem strzęplicy sinej (*Koeleria glauca*). Siedlisko, które występuje w dolinie jest to łęg olszowo-jesionowy (*Fraxino-Alnetum*), gdzie w drzewostanie występuje przed wszystkim olsza czarna (*Alnus glutinosa*) i jesion wyniosły (*Fraxinus excelsior).* Warstwa krzewów składa się z podrostów tych gatunków oraz czeremchy zwyczajnej (Padus avium), trzmieliny pospolitej (*Euonymus europaeus*), kruszyny pospolitej

(*Frangula alnus*) i porzeczki dzikiej (Ribes spicatum). Warstwa zielna składa się z największej liczby gatunków, w tym miejscu występuje pokrzywa zwyczajna (*Urtica dioica.*), podagrycznik pospolity (*Aegopodium podagraria),* bodziszek cuchnący (*Geranium robertianum*), niecierpek pospolity (*Impatiens noli-tangere*), czartawa drobna (*Circaea alpina*), *turzyca długokłosa* (*Carex elongata*), *pępawa błotna* (*Crepis paludosa*), *karbieniec pospolity* (*Lycopus europaeus*), *tojeść pospolita* (*Lysimachia vulgaris*), *wiechlina zwyczajna* (*Poa trivialis*), *łopian większy* (*Arctium lappa*). Obszar leśny, po którym prowadzi ścieżka w części wschodniej to bór mieszany (*Querco-Pinetum)*. Gatunki główne w drzewostanie to sosna zwyczajna (*Pinus sylvestris*), dąb szypułkowy (*Quercus robur*) brzoza brodawkowata (*Betula pendula*), buk zwyczajny (*Fagus sylvatica*). Spotkamy tu również takie gatunki jak kruszyna pospolita (*Frangula Alnus L.)*, jałowiec pospolity (*Juniperus communis*), jarząb pospolity (*Sorbus aucuparia*). W bujnym podszycie występuje: leszczyna pospolita (*Corylus avellana*), trzmieliny- pospolita i brodawkowata (*Euonymus- europaeus i verrucosus*), czeremcha zwyczajna, głóg jednoszyjkowy (*Crataegus monogyna*) i suchodrzew pospolity (*Lonicera xylosteum*). Wczesną wiosną w warstwie zielnej spotykamy: zawilce – gajowy i żółty (*Anemone nemorosa, Anemone ranunculoides*), przylaszczka pospolita (*Hepatica nobilis*), kokorycz pusta (*Corydalis cava*) i ziarnopłon wiosenny (*Ficaria verna*). Siedlisko, które występuje po drugiej stronie Lipkowskiej wody to nieustabilizowane zbiorowiska ugorów z dominacją przymiotna kanadyjskiego (*Erigeron canadensis*) oraz zbiorowiska nieokreślone z grupy borów sosnowych i mieszanych (*Leucobryo-Pinetum, Querco-Pinetum)* (ryc. 23).

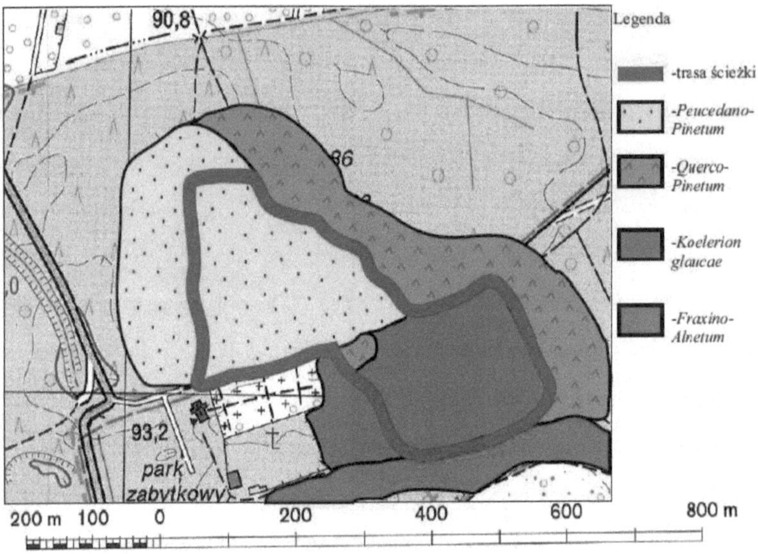

Ryc. 23. Roślinność rzeczywista terenu opracowania (opracowanie własne)

Teren opracowania jest właściwie całkowicie równinny, występuje jedynie niewielka dolina wzdłuż Wody Lipkowskiej. Wzniesienia terenu jakie tu występują nie przekraczają 11%.

Wskazania do projektowania ścieżki dydaktycznej

Zaleca się by ścieżka dydaktyczna była wytyczona na trasie istniejących dróg oraz szlaków turystycznych jednocześnie ukazując najcenniejsze przyrodniczo i krajobrazowo miejsca. Przy planowaniu jej trasy należy uwzględnić występujące zbiorowiska roślinne, atrakcyjne elementy krajobrazowe oraz punkty widokowe. Na początku ścieżki dydaktycznej zaleca się stworzenie placu wejściowego, na którym umieszczona zostanie pierwsza tablica informacyjna, stojak na rowery oraz pozostałe elementy wyposażenia (tj. ławki, kosze na śmieci). Wskazane jest by nawierzchnia placu była utwardzona, gdyż będzie to miejsce przeznaczone nie tylko dla potencjalnych użytkowników ścieżki, ale także dla osób odwiedzających sąsiedni cmentarz oraz cały zabytkowy kompleks. Ponieważ obok polany przebiega niebieski szlak turystyczny, będący ważnym ciągiem komunikacyjnym Lipkowa, zaleca się by część projektowanej ścieżki pokrywała się z jego przebiegiem.

Tablica informacyjna wejściowa powinna zawierać najważniejsze informacje o ścieżce dydaktyczno-krajobrazowej, tj. ogólne informacje o charakterze tej ścieżki, długość trasy, przybliżony czas przejścia, ilość przystanków. Zaleca się by tablice miały podobną formę, prostych, opisowych plansz wzbogaconych o ryciny, zdjęcia i mapy. Obecnie żadna ze ścieżek dydaktycznych znajdujących się na terenie Kampinoskiego Parku Narodowego nie zawiera opisów w języku obcym. Dlatego ważnym elementem projektu tablic informacyjnych jest sporządzenie opisów w języku angielskim, dzięki czemu ścieżka dydaktyczna stanie się dostępna dla szerszej grupy odbiorców zwłaszcza dla zagranicznych turystów. Przyjmuje się ujednolicone oznakowanie ścieżki w formie już występującej w KPN (Ryc.19), umieszczając je na pniach drzew w odległości ok. 100m oraz na każdym skrzyżowaniu w miejscach dobrze widocznych.

Obszar doliny nad Lipkowską wodą jest obecnie niezagospodarowany, znajdują się powalone drzewa oraz konary drzew służące jako prowizoryczne siedziska. Wskazuje to na potrzebę powstania na tej przestrzeni miejsca do odpoczynku zapewniając infrastrukturę techniczną w postaci ławek i koszy na śmieci. Wzdłuż trasy zaleca się zaplanowanie miejsc usytuowania ławek, przy czym należy zwrócić uwagę na punkty widokowe. Analiza stanu istniejącego wykazała, iż obecnie na polanie znajduje się jeden kosz na śmieci (tuż przy wejściu) dlatego konieczne jest zaprojektowanie ich w pozostałych częściach polany.

Głównymi odbiorcami ścieżki dydaktyczno-krajobrazowe na tym obszarze będą:

- Okoliczni mieszkańcy
- Uczniowie okolicznych szkół, oraz szkoły z Warszawy
- Mieszkańcy Warszawy
- Uczestnicy wycieczek krajowych oraz goście zagraniczni
- Turyści poruszający się szlakami turystycznymi (rowerzyści, spacerowicze, narciarze, jeźdźcy konni)

6. **Ekspertyza 5: Analiza szaty roślinnej i stanu istniejącego w celu opracowania wytycznych projektowych dla obszaru dworca PKP w Płocku** (Beata Fornal-Pieniak, Aleksandra Sajewska)

Metodologia badań

Metodyka badań obejmuje badania terenowe i kameralne dotyczące terenu opracowania jakim jest dworzec PKP w Płocku. Do badań terenowych wykonanych w ramach pracy zalicza się: inwentaryzacja drzewostanu wraz z waloryzacją, inwentaryzacja fitosocjologiczna oraz wizja lokalna z dokumentacją fotograficzna. Do badań kameralnych natomiast zalicza się: przegląd materiałów kartograficznych i planistycznych dotyczące terenu dworca PKP w Płocku. Skutkiem tych badań było opracowanie analiz terenu. Wykonano analizę prawną, istniejącej roślinności, wybranych elementów środowiska abiotycznego, obecnego zagospodarowania i stanu technicznego wyposażenia oraz komunikacji wewnętrznej, rodzaju i stanu nawierzchni. Następnie stworzone zostały wytyczne projektowe biorące pod uwagę wszystkie wnioski wyciągnięte z wyżej wymienionych analiz oraz wnioski z przeprowadzonej oceny, stając się podstawą do opracowania koncepcji zagospodarowania placu przydworcowego przy wykorzystaniu gat. Roślinności.

Inwentaryzacja drzewostanu wraz z waloryzacją

W ramach pracy przeprowadzono inwentaryzację dendrologiczną obszaru opracowania, służąca analizie istniejącej roślinności wyższej. W ramach inwentaryzacji wykonano:

Opis stanu istniejącego drzew

Określenie dla poszczególnych egzemplarzy drzew - gatunku, pomiaru średnicy pnia na wys. 1,30m., zasięgu korony oraz oszacowanie wysokości.

Opis i ocena stanu zdrowotnego - Waloryzacja

Określenie wartości inwentaryzowanej zieleni, stanu korony, pnia, strefy korzeniowej, ocena statyki drzewostanu jak i opis stanu zachowania drzewostanu pod względem zdrowotnym-występowania ran, uszkodzeń oraz występowania oznak chorób. Kryteria brane pod uwagę podczas waloryzacji przedstawia tabela nr 1.

Tabela 157. Kryteria waloryzacji

Oznaczenie w tabeli	**Stan drzewa**	**Opis**
+	Stan dobry	Roślina ukształtowana prawidłowo, bez znacznych ubytków i uszkodzeń pnia bądź korony, brak widocznych oznak chorobowych, znaczne wartości przyrodnicze i krajobrazowe ze względu na rozmiary roślinny, gatunek czy też lokalizację.
+-	Stan średni	Roślina zdeformowana, nieposiadająca odpowiednich warunków do rozwoju, widoczne ubytki, uszkodzenia pnia bądź kory jak i objawy chorobotwórcze. Wartości przyrodnicze i krajobrazowe średnie.

<u>Inwentaryzacja fitosocjologiczna</u> - Analizy wybranych elementów środowiska abiotycznego

Analiza siedliska metodą zdjęć fitosocjologicznych według Braun-Blanqueta przeprowadzono w celach pozyskania informacji na temat występujących gatunków na terenie opracowania oraz przeprowadzenia w dalszym etapie analizy wybranych elementów środowiska abiotycznego metodą ekologicznych liczb wskaźnikowych roślin naczyniowych wg. Zarzyckiego (2002). Informacja na temat obecnie występujących gatunków określa również prawdopodobieństwo samodzielnego rozsiewania się w późniejszym czasie zinwentaryzowanych roślin. W ramach pracy wykonano 5 zdjęć fitosocjologicznych o różnych powierzchniach. Miejsca wykonania zdjęć zostały wybrane drogą losowo na każdym z wydzielonych obszarów badawczych. Pod obszary badawcze wydzielone zostały tereny większe niż 50m2, pokryte pokrywą roślinną znajdujących się w granicy terenu opracowania.

Wyniki

Roślinność potencjalna

Roślinność potencjalna terenu miasta Płock to zbiorowisko grądu subkontynentalnego, odmiany środkowopolskiej, serii ubogiej (*Tilio- Carpinetum*) oraz zlokalizowane na obszarze doliny Wisły świetlista dąbrowa, postać niżowa (*Potentillo albae-Quercetum typicum*) i nadrzeczne łęgi wierzbowo-topolowe (*Salici-Populetum*).

Analiza prawna obszaru opracowania

Teren opracowania znajduję się w granicy miejscowego planu terenu pomiędzy torami stacji kolejowej, ul. Otolińskiej i ul Chopina.

Tabela 18. Ustalenia przeznaczeń terenów w granicy obszaru opracowania, źródło: http://www.plany.plock.eu/pdf/24.pdf

Symbol	Przeznaczenie terenów	
	Przeznaczenie podstawowe	**Przeznaczenie dopuszczalne**
1KK	Przeznaczenie podstawowe- zabudowa i urządzenia związane z obsługa komunikacji kolejowej	Usługi komunikacji autobusowej Usługi z preferencją handlu Parkingi Zieleń
1KS	Parkingi, place manewrowe	Urządzenia związane z wyposażeniem w infrastrukturę techniczną Zieleń

1U	Usługi o uciążliwości niewykraczającej poza granice działki, z preferencją handlu	Mieszkalnictwo zbiorowe (hotele) Parkingi, garaże wbudowane, garaże wielopoziomowe, Urządzenia elektroenergetyczne.

Ryc. 1 Istotne ustalenie rysunku miejscowego planu zagospodarowania w granicy terenu opracowania.

Rysunek planu określa natomiast granice tych terenów, jak i ukazuję podstawowe ich przeznaczenie. W ramach ustaleń dotyczących zabudowy wyróżnia on istniejące budynki do likwidacji oraz adaptacji. W granicy terenu opracowania znajduję się przeznaczony do adaptacji budynek dworca PKP oraz przeznaczony do likwidacji, obecnie nie istniejący już budynek w części obszaru oznaczonego symbolem 1U. Określona zostaję również nieprzekraczalna linia zabudowy oraz ściśle określona linia zabudowy będąca szczególnie eksponowana elewacją. W ramach ustaleń dotyczących kształtowania zieleni wyróżnione zostały grupy drzew do adaptacji oraz projektowane szpalery drzew. Zgodnie z przeprowadzoną inwentaryzacją dendrologiczną, jak i wizją w terenie, część drzew oznaczonych jako drzewa do zachowania obecnie już tam nie rośnie, a w miejscach gdzie występowały w niektórych przypadkach do dziś zachowały się karpy ściętych drzew. Plan ustala również zasadę obsługi komunikacyjnej, klasyfikację ulic oraz lokalizację projektowanej ścieżki rowerowej, biegnącej w niedalekiej odległości od terenu opracowania.

Analiza istniejącej roślinności

Inwentaryzacja dendrologiczna

Wykaz roślin przedstawia tabela inwentaryzacyjna nr. 8. Na terenie opracowania zinwentaryzowane zostały 74 gatunki drzew w tym 14 różnych gatunków. Istniejąca szata roślinna na terenie podlegającym opracowaniu występuję głównie jako zieleń przydrożna jak i w postaci pojedynczych nasadzeń drzew i krzewów. Najliczniejszym gatunkiem drzew występującym na terenie jest klon jesionolistny *Acer negundo* (29 szt.) oraz Lipa drobnolistna *Tilia cordata* (13szt.), a także rzędowe nasadzenia lipy szerokolistnej 'Pyramidalis Aurea' (7szt.) przy głównym peronie.

Tabela 19. Wykaz wszystkich gatunków drzew występujących na terenie opracowania

Lp.	Nazwa łacińska	Nazwa polska	Ilość (szt.)
1.	*Acer negundo*	Klon jesionolistny	29
2.	*Tilia cordata*	Lipa drobnolistna	13
3.	*Tilia platyphyllos 'Pyramidalis Aurea'*	Lipa szerokolistna 'Pyramidalis Aurea'	7
4.	*Thuja occidentalis*	Żywotnik zachodni	6

5.	*Prunus cerasifera*	Śliwa wiśniowa	4
6.	*Populus nigra 'Italica'*	Topola włoska	3
7.	*Salix fragilis*	Wierzba krucha	3
8.	*Populus alba*	Topola biała	2
9.	*Quercus rubra*	Dąb czerwony	2
10.	*Fraxinus excelsior*	Jesion wyniosły	1
11.	*Aesculus hippocastanum*	Kasztanowiec zwyczajny	1
12.	*Ailanthus altissima*	Bożodrzew gruczołowaty	1
13.	*Larix decidua*	Modrzew europejski	1
14.	*Pinus sylvestris*	Sosna zwyczajna	1

Tabela 20. Inwentaryzacja drzewostanu.

Tabela inwentaryzacyjna

Lp.	**Nazwa łacińska**	**Nazwa polska**	**Obwód pnia* [cm]**	**korony [m^2]**	**Wysokość [m^2]**	**Waloryzacja ****	**Uwagi**
1.	*Tilia cordata*	Lipa drobnolistna	167	10	22	+ -	Pień drzewa koliduję z istniejącym krawężnikiem
2.	*Tilia cordata*	Lipa drobnolistna	151	8	20	+ -	
3.	*Aesculus hippocastanum*	Kasztanowiec zwyczajny	209	11	14	+	
4.	*Tilia cordata*	Lipa drobnolistna	81	9	16	+	
5.	*Tilia cordata*	Lipa drobnolistna	90	10	18	+	

6.	*Tilia cordata*	Lipa drobnolistna	71	12	23	+	
7.	*Tilia cordata*	Lipa drobnolistna	105	13	24	+	
8.	*Tilia cordata*	Lipa drobnolistna	58	8	20	+	
9.	*Tilia cordata*	Lipa drobnolistna	51	8	18	+	
10.	*Acer negundo*	Klon jesionolistny	72	6	16	-	Rośnie bezpośrednio przy lipie, pochylony o ok 75 ° w kierunku SW, liczne suche gałęzie i konary
11.	*Tilia cordata*	Lipa drobnolistna	81	12	23	+ -	Brak głównego przewodnika
12.	*Tilia cordata*	Lipa drobnolistna	71+72	13	19	+ -	Brak głównego przewodnika
13.	*Tilia cordata*	Lipa drobnolistna	91	13	19	+	
14.	*Tilia cordata*	Lipa drobnolistna	84+82	11	17	+ -	Brak głównego przewodnika
15.	*Populus nigra 'Italica'*	Topola włoska	93	5	19	+ -	Liczne odrosty, delikatnie przechylony w kierunku NE
16.	*Populus nigra 'Italica'*	Topola włoska	54	4,5	25	+	
17.	*Populus nigra 'Italica'*	Topola włoska	48	3,5	23	+	
18.	*Acer negundo*	Klon jesionolistny	89	9	6	-	Drzewo ucięte na wysokości 6 metrów, liczne odrosty, do

							usunięcia
19.	*Acer negundo*	Klon jesionolistny	124	11	15	-	Do usunięcia, koliduję z istniejącym słupem, liczne suche i połamane konary
20.	*Fraxinus excelsior*	Jesion wyniosły	163	9	18	+ -	Delikatnie przechylony w kierunku NE
21.	*Tilia cordata*	Lipa drobnolistna	134	7	26	+ -	Brak głównego przewodnika
22.	*Acer negundo*	Klon jesionolistny	158	11	19	-	Liczne odrosty, duże ubytki pnia- dziuple, liczne suche konary i połamane gałęzie
23.	*Acer negundo*	Klon jesionolistny	140+152	12	16	-	Brak wyraźnego przewodnika, Pochylony o ok 65°w kierunku SW, do usunięcia
24.	*Acer negundo*	Klon jesionolistny	248	7	12	-	Liczne odrosty, suche konary, ubytki pnia
25.	*Acer negundo*	Klon jesionolistny	152	10	11	-	Pochylony o ok 70° w kierunku SW, do usunięcia
26.	*Acer negundo*	Klon jesionolistny	133	11	24	+ -	
27.	*Ailanthus altissima*	Bożodrzew gruczołowaty	76	15	29	+	
28.	*Larix decidua*	Modrzew europejski	40	4	8	+ -	
29.	*Thuja occidentalis*	Żywotnik zachodni	76	7	12	+ -	Bardzo stary egzemplarz
30.	*Acer negundo*	Klon	192	6	8	-	Liczne połamane gałęzie i

		jesionolistny					konary, bardzo stary egzemplarz
31.	*Acer negundo*	Klon jesionolistny	162	9	9	-	Ubytek rynnowy u podnóża pnia 93x20 ,bardzo stary egzemplarz
32.	*Tilia platyphyllos 'Pyramidalis Aurea'*	lipa szerokolistna 'Pyramidalis Aurea'	160	7	11	-	Ciekawy pokrój, bardzo stary egzemplarz
33.	*Tilia platyphyllos 'Pyramidalis Aurea'*	lipa szerokolistna 'Pyramidalis Aurea'	116	5	6	-	Bardzo stary egzemplarz
34.	*Acer negundo*	Klon jesionolistny	172	8	12	-	Bardzo stary egzemplarz
35.	*Tilia platyphyllos 'Pyramidalis Aurea'*	lipa szerokolistna 'Pyramidalis Aurea'	154	9	8	-	Bardzo stary egzemplarz
36.	*Tilia platyphyllos 'Pyramidalis Aurea'*	lipa szerokolistna 'Pyramidalis Aurea'	110	5	7	+ -	Dziupla 22x20, ciekawy kulisty pokrój, bardzo stary egzemplarz
37.	*Acer negundo*	Klon jesionolistny	264	11	17	-	Znaczny ubytek rynnowy na wysokości 36cm od podstawy pnia o wym. 49x30, bardzo stary egzemplarz
38.	Tilia platyphyllos 'Pyramidalis	lipa szerokolistna 'Pyramidalis	139	7	14	-	Liczne połamane gałęzie i konary, bardzo stary egzemplarz

	Aurea'	Aurea'					
39.	*Thuja occidentalis*	Żywotnik zachodni	56+61	5	13	-	Bardzo stary egzemplarz
40.	*Acer negundo*	Klon jesionolistny	204	7	10	-	Zrakowacenia w postaci wyraźnych narośli i zgrubień, bardzo stary egzemplarz
41.	*Acer negundo*	Klon jesionolistny	187	10	18	-	Liczne połamane gałęzie i konary, bardzo stary egzemplarz
42.	Tilia platyphyllos 'Pyramidalis Aurea'	lipa szerokolistna 'Pyramidalis Aurea'	156	7	14	-	Liczne połamane gałęzie i Konary. bardzo stary egzemplarz
43.	Tilia platyphyllos 'Pyramidalis Aurea'	lipa szerokolistna 'Pyramidalis Aurea'	162	9	13	-	Bardzo stary egzemplarz
44.	*Thuja occidentalis*	Żywotnik zachodni	62+38	5	10	-	Bardzo stary egzemplarz
45.	*Thuja occidentalis*	Żywotnik zachodni	53	3	9	-	Drzewo uschnięte, do usunięcia
46.	*Thuja occidentalis*	Żywotnik zachodni	48	3,5	9	-	Bardzo stary egzemplarz
47.	*Thuja occidentalis*	Żywotnik zachodni	65	5	11	-	Pochylony w stronę E o ok. 60°
48.	*Pinus sylvestris*	Sosna zwyczajna	71	4	22	+ -	Wschodnia część drzewa częściowa uschnięta
49.	*Acer negundo*	Klon jesionolistny	172	14	22	-	Liczne połamane gałęzie i konary.

50.	*Populus alba*	Topola biała	114+ 116	15	28	+ -	Brak głównego przewodnika
51.	*Populus alba*	Topola biała	104	10	28	+ -	
52.	*Salix fragilis*	Wierzba krucha	59+25+ 24+42+ 18+51+ 49	13	14	+ -	
53.	*Salix fragilis*	Wierzba krucha	68	16	13	+ -	
54.	*Acer negundo*	Klon jesionolistny	52	6	12	+ -	
55.	*Acer negundo*	Klon jesionolistny	59	8	14	-	
56.	*Acer negundo*	Klon jesionolistny	41	6	11	-	
57.	*Acer negundo*	Klon jesionolistny	65	8	13	-	
58.	*Prunus cerasifera*	Śliwa wiśniowa	86+58+ 44	9	13	-	
59.	*Quercus rubra*	Dąb czerwony	147	15	26	+	Egzemplarz zupełnie nie eksponowany mimo wysokich walorów dekoracyjnych
60.	*Quercus rubra*	Dąb czerwony	75	12	23	+	Duża wartość dekoracyjna
61.	*Acer negundo*	Klon jesionolistny	182	14	28	+ -	
62.	*Prunus cerasifera*	Śliwa wiśniowa	75+50+ 43	12	9	+ -	
63.	*Prunus*	Śliwa	54+45+	14	8	+ -	

	cerasifera	wiśniowa	38+39				
64.	*Prunus cerasifera*	Śliwa wiśniowa	41+28+ 50+38+ 37	7	12	-	
65.	*Acer negundo*	Klon jesionolistny	119	11	15	+ -	
66.	*Acer negundo*	Klon jesionolistny	112+95 +101	12	26	+ -	
67.	*Acer negundo*	Klon jesionolistny	77+71+ 106+63	16	22	+ -	
68.	*Acer negundo*	Klon jesionolistny	57+56+ 74+63+ 24	16	25	+ -	
69.	*Acer negundo*	Klon jesionolistny	74+77	13	24	+ -	
70.	*Acer negundo*	Klon jesionolistny	66	8	20	+ -	
71.	*Acer negundo*	Klon jesionolistny	96	12	16	+ -	
72.	*Acer negundo*	Klon jesionolistny	154	8	18	+ -	
73.	*Salix fragilis*	Wierzba krucha	130+63 +40+80 +77+54 +55+52 +28+69 +68+65 +28+35 +62	20	26	+ -	Duża wartość dekoracyjna
74.	*Acer negundo*	Klon	123	16	27	+ -	Liczne odrosty

	jesionolistny					

* obmiaru pnia drzew dokonano na wysokości 130cm

** Waloryzację drzew dokonano na podstawie danych zebranych w terenie dotyczących stanu zdrowia, pokroju i wartości przyrodniczo-krajobrazowych poszczególnych egzemplarzy.

Oznaczenie w tabeli	**Stan drzewa**
+	Stan dobry
+ -	Stan średni
-	Stan niezadowalający

Na terenie opracowania można wyznaczyć kilka charakterystycznych grup drzew. Jedną z nich jest grupa drzew przydrożnych, złożonych głównie z lipy drobnolistnej *Tilia cordata*, kilka sztuk topoli włoskiej *Populus nigra* 'Italica' jak i pojedynczych egzemplarzy kasztanowca zwyczajnego *Aesculus hippocastanum* oraz klonu jesionolistnego *Acer negundo*. Kolejną grupą drzew, są drzewa znajdujące się przy obecnym barze. Są to prawie same klony jesionolistne *Acer negundo*, dosyć pokaźnych rozmiarów, o bardzo złym stanie zdrowotnym i zachwianej statyce. Większość egzemplarzy posiada zaschnięte główne konary, znaczny posusz w koronie, urazy mechaniczne pnia oraz ubytki w postaci dziupli. Oprócz klonów na tym terenie występuję jesion wyniosły i lipa drobnolistna, które w trakcie waloryzacji zaliczone jako jedyne na tym obszarze do stanu drzewa opisanego w tabeli jako średni. Trzecią grupą drzew stanowi roślinność przy terenie peronów. W większości są to stare egzemplarze jak lipa szerokolistna 'Pyramidalis Aurea' *Tilia platyphyllos 'Pyramidalis Aurea'*, klony jesionolistne *Acer negundo* oraz żywotnik zachodni *Thuja occidentalis*i o złym stanie zdrowotnym. Do ostatniej grupy zaliczają się drzewa na terenie obecnego nieużytku, przy obecnym parkingu dla autobusów. Są to głównie klony jesionolistne *Acer negundo*, ale pojawiają się również takie gatunki jak dąb czerwony *Quercus rubra*, wierzba krucha *Salix fragilis*, topola biała *Populus alba*, sosna zwyczajna *Pinus sylvestris* czy śliwa wiśniowa *Prunus cerasifera*.

Przeprowadzona waloryzacja istniejącej roślinności wyższej ukazuję, że najwięcej drzew ocenionych zostało jako średni stan drzewa (ok 42%), według kryteriów oceny zawartej w opisie metodyki przeprowadzenia waloryzacji. Porównywalnie, bo około 40,5% zinwentaryzowanych drzew przypisanych zostało do złego stanu drzewa. Zaliczają się do nich głównie gatunki klonu jesionolistnego *Acer negundo*. Najmniejszą grupę, ok. 17% zinwentaryzowanych drzew stanowią natomiast egzemplarze ocenione jako dobry stan. Do nich natomiast zaliczają się głównie stare drzewa przyuliczne - głównie lipy drobnolistne *Tilia cordata* oraz dęby czerwone *Quercus rubra*.

Inwentaryzacja fitosocjologiczna

W ramach pracy przeprowadzona została inwentaryzacja fitosocjologiczna na wybranych obszarach.

Tabela 21. Zdjęcie fitosocjologiczne nr. 1

Pokrycie – 80%

Data wykonania zdjęcia - 15.07.13r.

Powierzchnia zdjęcia- 25m2

Lp.	Nazwa łacińska gatunku	Nazwa polska gatunku	Ilościowość/Towarzyskość
1.	*Chelidonium majus*	Glistnik jaskółcze ziele	4.3
2.	*Galinsoga parviflora Cav.*	Żółtlica drobnokwiatowa	3.2
3.	*Stellaria media*	Gwiazdnica pospolita	2.2
4.	*Malva neglecta*	Ślaz zaniedbały	2.2
5.	*Poa pratensis*	*Wiechlina łąkowa*	2.2
7.	*Taraxacum officinale*	Mniszek pospolity	1.1
8.	*Erigeron annuus*	Przymiotno białe	1.1
9.	*Cirsium arvense*	Ostróżeń polny	+
10.	*Urtica dioica*	Pokrzywa zwyczajna	+
11.	*Silene alba*	Bniec biały	+
12.	*Oxalis corniculata*	Szczawik różkowaty	+
13.	*Erigeron canadensis*	Przymiotno kanadyjskie	+
14.	*Achillea millefolium*	Krwawnik pospolity	+
15.	*Chenopodium strictum Roth*	Komosa wzniesiona	+
16.	*Bunias orientalis*	Rukiewnik wschodni	+
17.	*Tanacetum vulgare*	Wrotycz pospolity	+
18.	*Picris hieracioides*	Goryczel jastrzębcowaty	+

19.	*Diplotaxis muralis*	Dwurząd murowy	+
20.	*Lamium album*	Jasnota biała	+
21.	*Geranium pyrenaicum*	Bodziszek pirenejski	+

Tabela 16. Zdjęcie fitosocjologiczne nr 2

Pokrycie – 95%

Data wykonania zdjęcia - 15.07.13r.

Powierzchnia zdjęcia- 25 m2

Lp.	Nazwa łacińska gatunku	Nazwa polska gatunku	Ilościowość/Towarzyskość
1.	*Poa pratensis*	Wiechlina łąkowa	3.3
2.	*Stellaria media*	Gwiazdnica pospolita	2.2
3.	*Achillea millefolium*	Krwawnik pospolity	2.2
4.	*Galinsoga parviflora*	Zółtlica drobnokwiatowa	2.1
5.	*Lolium perenne*	Życica trwała	2.3
6.	*Plantago major*	Babka zwyczajna	1.1
7.	*Capsella bursa-pastoris*	Tasznik pospolity	1.1
8.	*Polygonum aviculare*	Rdest ptasi	1.2
9.	*Chenopodium strictum Roth*	Komosa wzniesiona	+

10.	*Sonchus oleraceum*	mlecz zwyczajny	+
11.	*Geranium pyrenaicum*	Bodziszek pirenejski	+
12.	*Trifolium repens*	koniczyna biała	+

Tabela 17. Zdjęcie fitosocjologiczne nr 3

Pokrycie – 70%

Data wykonania zdjęcia - 15.07.13r.

Powierzchnia zdjęcia- 25m2

Lp.	Nazwa łacińska gatunku	Nazwa polska gatunku	Ilościowość/Towarzyskość
1.	*Poa pratensis*	Wiechlina łąkowa	2.3
2.	*Polygonum aviculare*	Rdest ptasi	1.2
3.	*Lolium perenne*	Życica trwała	2.3
4.	Trifolium repens	koniczyna biała	2.2
5.	*Plantago major*	Babka zwyczajna	1.1
6.	*achillea millefolium*	Krwawnik pospolity	1.1
7.	*Capsella bursa-pastoris*	Tasznik pospolity	+
8.	*Erigeron canadensis*	Przymiotno kanadyjskie	+
9.	*Achillea millefolium*	Krwawnik pospolity	1.1

10.	*Stellaria media*	Gwiazdnica pospolita	2.2
11.	*Geranium pyrenaicum*	Bodziszek pirenejski	+
12.	*Plantago lanceolata*	Babka lancetowata	+

Tabela 24. Zdjęcie fitosocjologiczne nr 4

Pokrycie – 90%

Data wykonania zdjęcia - 15.07.13r.

Powierzchnia zdjęcia- 25m2

Lp.	Nazwa łacińska gatunku	Nazwa polska gatunku	Ilościowość/Towarzyskość
1.	*Poa pratensis*	Wiechlina łąkowa	3.3
2.	*Lolium perenne*	Życica trwała	2.3
3.	Trifolium repens	koniczyna biała	2.2
4.	*Plantago major*	Babka zwyczajna	1.1
5.	*Achillea millefolium*	Krwawnik pospolity	1.1
6.	*Capsella bursa-pastoris*	Tasznik pospolity	+

Tabela 18. Zdjęcie fitosocjologiczne nr 5

Pokrycie – 90%

Data wykonania zdjęcia - 15.07.13r.

Powierzchnia zdjęcia- 25m2

Lp.	Nazwa łacińska gatunku	Nazwa polska gatunku	Ilościowość/Towarzyskość
1.	*Poa pratensis*	Wiechlina łąkowa	3.3
2.	*Lolium perenne*	Życica trwała	2.3
3.	*Polygonum aviculare*	Rdest ptasi	2.2
4.	*Trifolium repens*	Koniczyna biała	2.2
5.	*Plantago major*	Babka zwyczajna	1.1
6.	*Achillea millefolium*	Krwawnik pospolity	1.1
7.	*Capsella bursa-pastoris*	Tasznik pospolity	1.1
8.	*Plantago lanceolata*	Babka lancetowata	1.1
9.	*Achillea millefolium*	Krwawnik pospolity	1.1
10.	*Erigeron canadensis*	Przymiotno kanadyjskie	+

Analiza obecnego zagospodarowania terenu i stanu technicznego wyposażenia

Obecne zagospodarowanie terenu dzieli się na kila stref. Jedną z nich jest znajdujący się w północno -wschodniej części terenu opracowania obszar peronów i związany z nimi budynek dworca PKP. Największą część obszaru zajmuje teren związany z komunikacją, wraz z znajdującym się w jego obrębie obszarem przystanku autobusowego i postoju taksówek. Stosunkowo dużą powierzchnię w części północno-zachodniej, zajmuję również parking dla busów oraz przylegający zieleniec. W część wschodniej terenu można wyróżnić teren zieleni ograniczony murkiem oporowym, prawdopodobnie pełniący niegdyś funkcję ozdobną oraz obszar parkingu dla samochodów osobowych z wytyczonymi miejscami dla osób niepełnosprawnych. W związku z główną funkcją terenu opracowania jakim jest dworzec, na obszarze wyróżnia się również tereny związane z gastronomią. Większy obszar zajmuję ogrodzony obszar budynku z kebabem , natomiast mniejszy starą nieczynna już budkę, z wytyczonym drewnianym podestem. Schemat obecnego zagospodarowania terenu z wydzieleniem na strefy pokazuje.

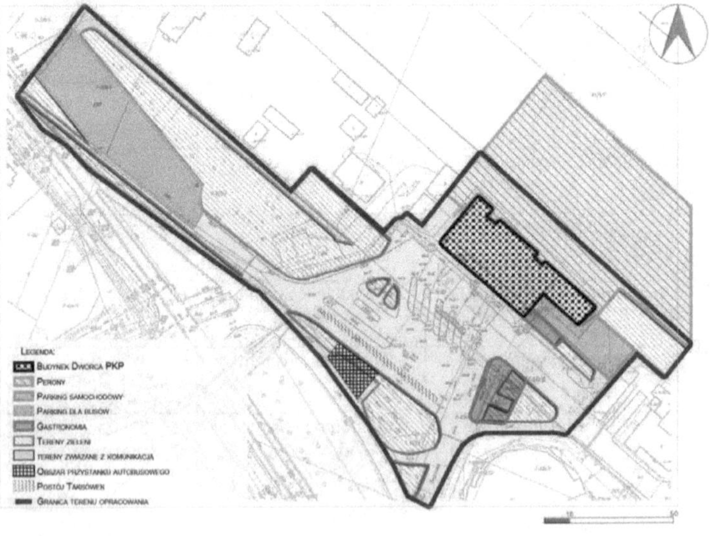

Ryc. 25. Schemat obecnego zagospodarowania terenu.

Obecny stan techniczny wyposażenia jest niezadowalający, a występującym tam elementom brakuje ujednolicenia formy. Na obszarze opracowania wyróżnić można np. cztery różne typy koszy na śmieci oraz dwie typy ławek. Wszystkie występujące elementy, z wyjątkiem nowoczesnego biletomatu oraz tablic informacyjnych są stare i nie spełniają standardów technicznych. Ilość niektórych elementów jest również stosunkowo za mała w porównaniu do funkcji jaką pełni teren. Na peronach brakuje zarówno ławek jak i koszy. Występujące barierki wytyczające obszar chodników od placu manewrowego autobusów są zardzewiałe i przechylone w stronę chodnika. Innymi elementami występującymi na obszarze opracowania są: skrzynki na piasek stojące przez cały rok, słupy zawierające rozkład jazdy PKP i PKS, toalety przenośne, kontenery na śmieci czy wielkoformatowa reklama znajdująca się na obszarze terenu zieleni przyległemu do parkingu dla busów.

Analiza komunikacji wewnętrznej, rodzaju i stanu nawierzchni

Komunikacja wewnętrzna terenu dworca i terenów mu przyległych jest uzależniona od obecnego rozmieszczenia stanowisk przyjazdowych autobusów PKS oraz ich placów postojowych. W ramach obszaru opracowania znajdują się miejsca postojowe zarówno dla autobusów, samochodów osobowych jak i taksówek. Można zauważyć jednak, że liczba parkingów dla samochodów osobowych w stosunku do funkcji jaki pełni ten teren jest znacząco za mała. Dużym problemem staję się również obecne połączenie komunikacyjne przylegającego terenu zieleni z terenem dworca. Istniejące schodki, są w złym stanie technicznym i nie odpowiadają wielkości wytyczonego chodnika (Rys. 20). Schemat komunikacji wewnętrznej obszaru opracowania pokazuje.

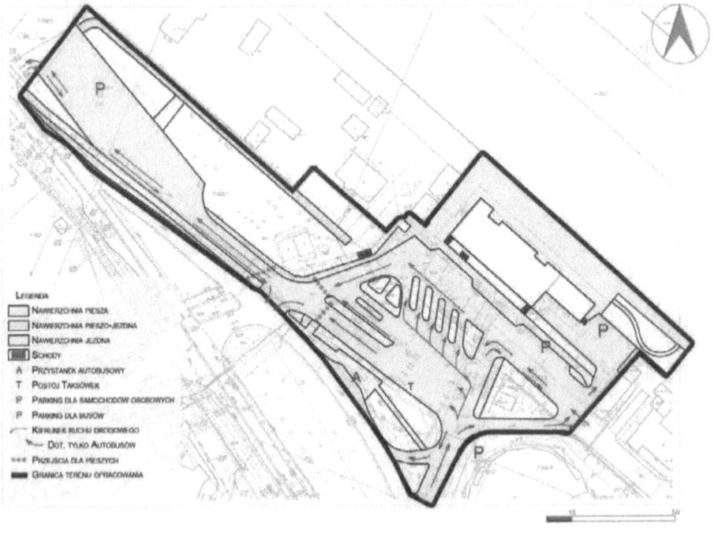

Ryc. 2. Komunikacja wewnętrzna obszaru opracowania.

Na obszarze opracowania występuje zarówno nawierzchnia bitumiczna i nawierzchnia z starych sześciokątnych, kwadratowych płyt betonowych. Wszystkie zastosowane nawierzchnie są nieprzepuszczalne, a ich stan jest bardzo niezadowalający. Występują na niej liczne spękania, ubytki oraz nierówności terenu. W najgorszym stanie jest jednak nawierzchnia placu manewrowego autobusów przy głównym wejściu do dworca. Nawierzchnia bitumiczna tam zastosowana odsłania w wielu miejscach stara nawierzchnię z sześciokątnych płyt betonowych.

Podsumowanie

Po przeprowadzeniu badań dot. terenu opracowania, wykonaniu analiz oraz biorąc pod uwagę lokalizację obszaru opracowania wyciągnąć można następujące wnioski:

- Teren jest ogólnodostępny i nieogrodzony, oprócz budynku dworca który jest dostępny czasowo.
- Teren opracowania znajduję się w centralnej części miasta o charakterze wielofunkcyjnym, przy głównym węźle komunikacyjnym tej części miasta.
- Obszar dworca położony jest w sąsiedztwie zabudowań o charakterze usługowym oraz zabudowy wielorodzinnej.
- Ze względu na charakter miejsca występuję duże zróżnicowanie użytkowników tego terenu. Są to głównie użytkownicy epizodyczni, lecz występują tu również użytkownicy cykliczni.
- Na terenie nie występuje zagrożenie powodziowe.
- Na terenie opracowania obowiązuje miejscowy plan zagospodarowania który określa przeznaczenia poszczególnych terenów oraz inne ustalenia szczegółowe.

- Na obszarze opracowania występuję 94 szt. drzew z czego 40,5% tej liczby to drzewa o złym stanie według przeprowadzonej waloryzacji.
- Dendroflora obiektu jest nieznacznie zróżnicowana gatunkowo, występują nieliczne gatunki iglaste.
- Istniejący drzewostan jest bardzo stary, brak jest młodych drzew czy też roślinności o wysokich walorach dekoracyjnych.
- Na terenie występują głównie zbiorowiska roślinności synantropijnej głównie trawniki do których nie można przydzielić przynależności fitosocjologicznej, bogate w gatunki łąkowe oraz synantropijne.
- W obecnym zagospodarowaniu brakuje miejsc związanych z wypoczynkiem.
- Największy obszar zajmują tereny związane z komunikacją oraz tereny parkingów.
- Występujące tereny zieleni nie posiadają konkretnej funkcji związanej z jej użytkowaniem poza izolacyjną czy też przyrodnicza.
- Brakuje ujednolicenia formy występujących elementów wyposażenia.
- Stan techniczny większości elementów wyposażenia jest zły.
- Brakuje zadaszenia obecnych stanowisk postojowych dla autobusów.
- Ilość elementów wyposażenia takich jak ławki czy kosze w stosunku do funkcji terenu jest niewystarczająca.
- Istnieje możliwość wkomponowania nowych elementów wyposażenia jak tablice informacyjne czy biletomat.

- Stan techniczny obecnych nawierzchni pieszych, pieszo-jezdnych oraz jezdnych jest bardzo zły.
- Występuję konflikt komunikacyjny pomiędzy terenem zieleni przy parkingu dla autobusów oraz terenem dworca - brak odpowiedniego połączenia.
- Na obszarze opracowania występuję bardzo dużo nawierzchni nieprzepuszczalnej.

Wytyczne projektowe

Na podstawie podsumowania części badawczej dotyczącej obszaru opracowania określone zostały następujące wytyczne projektowe:

- Nadanie miejscu charakteru reprezentacyjnego dla miasta w związku z lokalizacją i pełniącą funkcją.
- Wprowadzenie gatunków odpowiednich dla lokalnego klimatu miasta.
- Uwzględnienie ustaleń miejscowego planu zagospodarowania dotyczących zagospodarowania terenów w granicach obszarów opracowania.
- Zaproponowanie nowego rodzaju nawierzchni w tym propozycji nawierzchni przepuszczalnej.
- Zaproponowanie ujednoliconej formy dla elementów wyposażenia oraz zwiększenie ich ilości zgodnie z wymaganiami.
- Wkomponowanie stosunkowo nowych elementów wyposażenia.
- Wzbogacenie obszaru opracowania o miejsca do wypoczynku.
- Nadanie funkcji poszczególnym terenom zieleni.
- Zaproponowanie stanowisk odjazdu autobusów zadaszonych, zwiększających komfort użytkowania.
- Wprowadzenie roślinności w celach ozdobnych.

- Wzbogacenie szaty roślinnej poprzez zaproponowanie nowych gatunków

7. **Ekspertyza 6: Analiza roślinności działki a także najbliższego otoczenie w celu zaprojektowana ogrodu przydomowego** (Beata Fornal-Pieniak, Katarzyna Urban)

Charakterystyka terenu opracowania

Lokalizacja

Ryc. 27. Położenie opracowywanego terenu na tle wsi Cieksyn

Występują tu kontynentalne bory mieszane sosnowo- dębowe oraz grąd subkontynentalny. We wsi Cieksyn znajdują się również liczne pomniki przyrody m.in. lipa drobnolistna, klon pospolity, dęby szypułkowe.

Otoczenie terenu opracowania

Otoczenie działki stanowią pola uprawne, łąki, bory mieszane, świetliste dąbrowy oraz łęgi. Teren położony jest 470 metrów od koryta rzeki Wkry, które zamieszkują bobry oraz wydry.

Użytkownicy

Właścicielami działki jest małżeństwo w średnim wieku. Użytkownicy korzystają z terenu przez całe wakacje oraz wszystkie weekendy wiosny jak i jesieni. Właściciele nie posiadają dzieci ani zwierząt jednakże bardzo fascynują się przyrodą. Ich pasje to majsterkowanie, zajmowanie się roślinami, spędzanie czasu na świeżym powietrzu, wypoczywanie w domku letniskowym, urządzanie przyjęć.

Analiza otoczenia terenu opracowania

Teren opracowania znajduje się we wsi Cieksyn, w części gdzie występują głównie działki rekreacyjne. Obszar zlokalizowany jest w bliskim sąsiedztwie lasów, od strony wschodniej styka się z główną drogą gruntową natomiast od południowej z małą wewnętrzną drogą dojazdową. Z pozostałych stron otoczony jest działkami gdzie występuje zabudowa letniskowa.

Inwentaryzacja szaty roślinnej

Inwentaryzacja drzew

Na terenie opracowania zostało posadzonych 48 szt. drzew. Dzięki dokładnej analizie wyodrębniono dwadzieścia dziewięć egzemplarzy do usunięcia: trzy sztuki *Pseudotsuga menziesii* (daglezja zielona) znajdujące się zaraz przy bramie wjazdowej zostały zaatakowane przez szkocką osutkę daglezji, jeden egzemplarz modrzewia europejskiego, który zaczyna wrastać w przewód elektryczny. Pozostałe rośliny, mimo tego, iż mają prawidłowy pokrój oraz odznaczają się dobrą kondycją zostały zbyt blisko siebie posadzone i ze względu na małą powierzchnię działki muszą zostać usunięte. Na terenie opracowania zachowano dziewiętnaście największych oraz najstarszych egzemplarzy.

Tabela 26. Wykaz roślinności znajdującej się na terenie opracowania

Sztuki*	Nazwa łacińska	Nazwa polska	Obwód pnia [cm]	korony [m]	Wysokość [m]	Waloryzacja	Uwagi
1	*Abies concolor*	jodła kalifornijska	40	2	6	-	Nieprawidłowy pokrój
1	*Abies koreana*	jodła koreańska	30	1,5	4	-	Nieprawidłowy pokrój
1	*Aesculus hippocastanum*	kasztanowiec zwyczajny	30	2	4	-	Nieprawidłowy pokrój
1	*Betula nana*	brzoza karłowata	10	2	2	-	Nieprawidłowy pokrój
1	*Chamaecyparis pisifera* 'Bouleward'	cyprysnik groszkowy odm. Bouleward	20	1	8	-/+	Należy usunąć posusz
1	*Cornus mas*	dereń jadalny	-	1	1,5	-	Nieprawidłowy pokrój
1	*Fagus sylvatica* 'Purpurea'	buk zwyczajny odm. Purpurea	15	0,3	1	-	Należy usunąć- brak wystarczającego miejsca do rozwoju
1	*Larix decidua*	modrzew europejski	80	4	8	+	Dobry stan jednak rosną zbyt blisko

							siebie oraz domu
1	*Larix decidua*	modrzew europejski	88	4	10	+	Dobry stan jednak rosną zbyt blisko siebie oraz domu
1	*Larix decidua*	modrzew europejski	100	5	10	-	70% posuszu, wrasta w druty wysokiego napięcia
2	*Picea abies*	świerk pospolity	0,45	1,2	2	-	Nieprawidłowy pokrój
2	*Picea abies*	świerk pospolity	0,6	1,5	5	+	Rozgałęziony czubek
2	*Picea abies*	świerk pospolity	0,5	1,5	6	+	Prawidłowy pokrój
1	*Picea abies*	świerk pospolity	0,7	2	7	+	10% posuszu
2	*Picea abies*	świerk pospolity	0,4	1	2	-	Nieprawidłowy pokrój
1	*Picea abies* 'Nidiformis'	świerk pospolity gniazdkowy	0,45	0,9	3	+	Prawidłowo rozwinięty
1	*Picea glauca* 'Conica'	świerk biały odm. Conica	-	0,4	0,6	-	Nieprawidłowy pokrój
1	*Picea omorica*	świerk serbski	0,5	1,5	6	+	Prawidłowo rozwinięty
5	*Picea omorica*	świerk serbski	0,1	0,6	0,4	-	Drzewka posadzone w

							gromadce pod sosnami
4	*Picea pungens*	świerk kłujący(srebrny)	0,8	1,7	7	-	Nieprawidłowy pokrój
3	*Pinus mugo*	kosodrzewina	27	1	0,7	-	Nieprawidłowy pokrój
1	*Pinus mugo*	kosodrzewina	30	1	2	-	Nieprawidłowy pokrój
1	*Pinus nigra*	sosna czarna	60	3	10	+	Prawidłowy pokrój
1	*Pinus ponderosa*	sosna żółta	40+20	4	8	+	Prawidłowy pokrój
1	*Pinus strobus*	sosna wejmutka	20+50	3,5	8	+	Prawidłowy pokrój
5	*Pinus sylvestris*	sosna zwyczajna	40	2	9	+	Prawidłowy pokrój
1	*Prunus cerasifera*	śliwa wiśniowa	24	3,5	6,5	-	Nieprawidłowy pokrój
3	*Pseudotsuga menziesii*	daglezja zielona	60	3	10	-	Zaatakowana przez szkocką osutkę daglezji
1	*Salix integra* 'Hakuro Nishiki'	wierzba japońska odm. Hakuro Nishiki	30	1	1,7	-	90% posuszu

Inwentaryzacja krzewów

Na działce znajduje się 146 sztuk krzewów. Po zanalizowaniu stanu nasadzeń roślinnych wykazano, że czternaście egzemplarzy należy usunąć gdyż zostały posadzone zbyt gęsto oraz w zbyt zacienionym miejscu, przez co występuje w nich dość znaczny posusz. Pozostałe roślin znajduje się w dobrym stanie, należy je jedynie poprzesadzać by umożliwić im prawidłowy rozwój oraz dostateczny dostęp światła.

Tabela 27. Wykaz roślinności znajdującej się na terenie opracowania.

Sztuki*	Nazwa łacińska	Nazwa polska	Obwód pnia [cm]	Średnica korony [m]	Wysokość [m]	Waloryzacja	Uwagi
2	*Berberis thunbergii* 'Atropurpurea'	berberys Thunberga odm. *Atropurpurea*	-	1	0,6	+	Prawidłowo ukształtowany krzew
2	*Berberis thunbergii* 'Orange Rocket'	berberys Thunberga odm. Orange Rocket	-	1	0,8	+	Prawidłowo ukształtowany krzew
3	*Chaenomeles japonica*	pigwowiec japoński	-	3	1	+	Wymaga przycięcia
1	*Cotinus coggygria*	perukowiec podolski	15+20	3	6	+	Wymaga przycięcia
1	*Cotinus coggygria* 'Royal Purple'	perukowiec podolski odm. czerwonolistna	20	1,5	5	+	Wymaga przycięcia

1	*Cotoneaster horizontalis*	irga pozioma	-	0,5	0,4	+	Rozrasta się na ścieżkę, należy przesadzić
67	*Cotoneaster lucidus*	irga błyszcząca	-	0,5	2	+	Prawidłowo przycięta
6	*Cornus alba* 'Sibirica'	dereń biały odm. Sibirica	-	0,6	1	+	Prawidłowy pokrój
2	*Euonymus europaeus*	trzmielina pospolita	-	0,5	1,5	+	Prawidłowy pokrój
1	*Jasminum officinale*	jaśmin lekarski	-	1	1,5	+	Prawidłowy pokrój
4	*Juniperus chinensis*	jałowiec chiński	10	0,4	1,7	-	Zły stan,80% posuszu
1	*Juniperus chinensis* 'Expansa Variegata'	jałowiec chiński odm. *Expansa variegata*	-	1	0,45	-	Zły stan, 80% posuszu
3	*Juniperus chinensis* 'Pfitzeriana'	*jałowiec chiński* odm. Pfitzeriana	-	2	0,7	-	Zły stan, posusz 80%
1	*Juniperus chinensis* 'Stricta'	jałowiec chiński odm. Stricta	16	0,6	1	+	Brak uwag
6	*Juniperus communis*	jałowiec zwyczajny	17	0,7	1,3	+	Brak uwag
3	*Juniperus*	jałowiec zwyczajny	15	0,5	1,6	-	Zły stan,

	communis						80% posuszu
1	*Juniperus communis* 'Gold Cone'	jałowiec pospolity odm. Gold Cone	23	0,8 5	1	-	Zły stan, 75% posuszu
1	*Juniperus horizontalis*	jałowiec płożący	-	2	0,6	+	Brak uwag
1	*Physocarpus opulifolius* 'Diabolo'	pęcherznica kalinolistna odm. Diabolo	-	0,5	0,6	-	Zły stan
2	*Rhododendron catawbiense*	różanecznik katawbijski	-	0,7	0,8	+	Brak uwag
1	*Ribes sanquineum*	porzeczka krwista	-	0,3	0,5	+	Brak uwag
1	*Spiraea douglasii*	tawuła Douglasa	-	0,4	0,4	-	Połamane gałęzie, obdarta kora
17	*Spiraea japonica*	tawuła japońska	-	0,3	0,45	+	Należy poprzesadzać gdyż są rozmieszczone przypadkowo
3	*Spiraea thunbergii*	tawuła Thunbera	-	0,3	0,47	+	Brak uwag
1	*Syringa vulgaris L.*	lilak pospolity	15+10 +20	1	1,6	+	Brak uwag
1	*Taxus baccata*	cis pospolity	-	0,6	1,5	+	Brak uwag

10	*Thuja occidentalis*	żywotnik zachodni	-	0,6	1	+	Brak uwag
3	*Thuja occidentalis* 'Smaragd'	żywotnik zachodni odm. Szmaragdowa	-	0,5	0,8	+	Brak uwag

Inwentaryzacja roślin zielnych

Na terenie opracowania zinwentaryzowano 26 sztuk roślin zielnych. Dwanaście egzemplarzy *Impatiens walleriana (*niecierpek Waleriana*)* znajduje się w skrzyniach, reszta posadzona została w przypadkowych miejscach.

Tabela 28. Wykaz roślinności znajdującej się na terenie opracowania.

Sztuki*	Nazwa łacińska	Nazwa polska	Obwód pnia [cm]	Średnica korony [m]	Wysokość [m]	Waloryzacja	Uwagi
2	*Clematis virginiana*	powojnik pnący	-	-	-	+	Brak uwag
2	*Hydrangea petiolaris*	hortensja pnąca	-	-	-	+	Brak uwag
x	*Lavandula officinalis*	lawenda lekarska	-	-	0,4	+	Brak uwag
12	*Impatiens walleriana*	niecierpek Waleriana	-	-	0,2	+	Brak uwag
x	*Phlox subulata*	płomyk szydlasty	-	-	-	+	Brak uwag

***x świadczy o tym, iż rośliny samoistnie się rozrosły i nie można wykazać ile ich w jest rzeczywistości

5	*Polypodium vulgare*	paproć zwyczajna	-	0,35	0,5 5	+	Brak uwag
x	*Viola odorata*	fiołek wonny	-	-	0,1	+	Brak uwag

Analiza właściwości glebowych

Wynik badań glebowych wskazuje, iż na terenie opracowania w miejscach pobrania próbek występuje niedobór azotu azotanowego, fosforu oraz potasu. Obecna jest również niska zawartość azotu amonowego. Stężenie wapnia oraz magnezu jest w normie. Zawarte są w nim również zalecenia nawozowe dla trawnika ogólnoużytkowego oraz roślin ozdobnych.

Analiza nasłonecznienia

Została wykonana analiza nasłonecznienia dla przesilenia letniego, które odbywa się w dniu 22 czerwca oraz dla równonocy letniej w dniu 21 marca.

W marcu w godzinie $10^{00,}$ dom rzuca cień długości ok. 7 metrów w stronę północną oraz ok.2 metrowy w kierunku zachodnim. O godzinie 16^{00} cień przesuwa się na północny-wschód oraz jego długość wynosi ok. 18 metrów oraz w 50% jego zakres znajduje się poza posesją. Oznacza to, że w pobliżu tarasu oraz okna kuchennego występuje miejsce gdzie ewentualne rośliny nie będą narażone na zbytnie nasłonecznienie w godzinach południowych, natomiast nie będą one również narażone na stałe zacienienie.

W czerwcu o godzinie 10^{00} rzucany cień jest bardzo mały, ok. 1,5 metrowy w stronę zachodnią oraz 3 metrowy w stronę północną. O godzinie 16^{00} cień przesuwa się na odległość ok.7 metrów w stronę północną- wschodnią oraz zawiera się w posesji. Oznacza to, tylko wąski fragment obok tarasu oraz okna kuchennego nie jest wystawiony na południowe słońce. W tych miejscach znajdują się obecnie podłużne drewniane donice z *Impatiens walleriana* (niecierpek Waleriana*)*.

Analiza zagospodarowania terenu

Od strony południowo- zachodniej działki, w miejscu nasadzeń roślinnych powierzchnia terenu obsypana jest korą. Cały ten obszar pokryty jest punktowym oświetleniem w kształcie kamieni oraz odgrodzony jest od reszty działki drewnianym Rollboarderem, który wraz z upływającymi latami uległ częściowemu rozpadowi. W centralnej części terenu właściciele posadzili trawę, która jest najintensywniej przez nich pielęgnowana. Reszta działki pokryta koniczyną oraz mocno przerzedzoną trawą stanowi strefę mocno użytkowaną bądź o małym dostępie światła. Naokoło tarasu umiejscowione zostały drewniane donice pełne podać też *Impatiens walleriana,* skąd również widać po północnej stronie terenu miejsce przeznaczone na ognisko. Pod kuchennym oknem oraz wzdłuż prawego boku domu znajdują się częściowo puste miejsca jak również składowiska płyt.

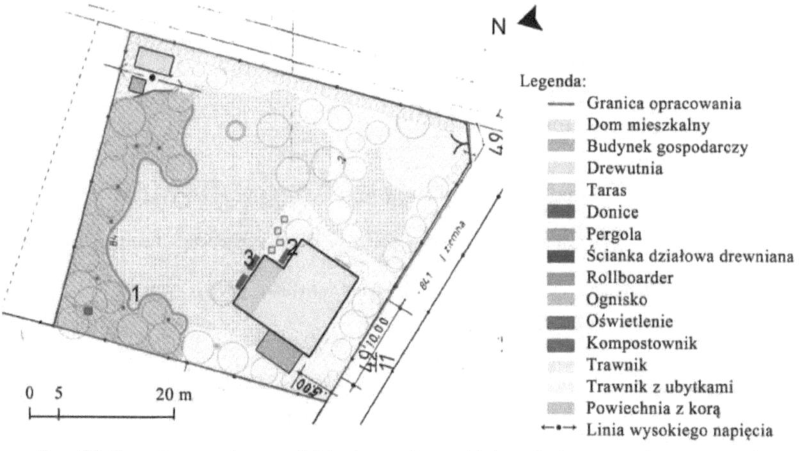

Ryc. 28. Rozmieszczenie wszystkich elementów znajdujących się na terenie opracowania.

Analiza funkcjonalno- przestrzenna

W ogrodzie znajdują się miejsca, z których właściciele korzystają intensywniej niż z pozostałych. Naturalnie wyodrębniły się cztery strefy funkcjonalne o następującym charakterze: Strefa wejściowa zawierająca się w obrębie bramy wjazdowej oraz furtki. Strefa wypoczynkowa w miejscu wnętrza z hamakiem oraz obszaru gdzie znajduje się taras. Strefa gospodarcza naokoło budynków użytkowych oraz obszar rekreacji na środku trawnika.

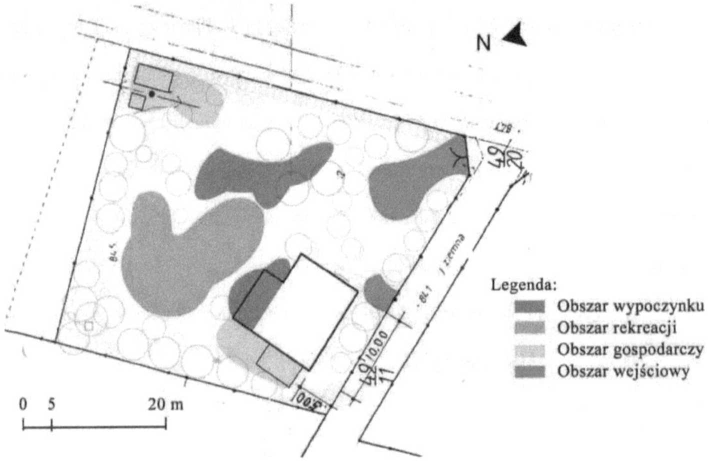

Ryc. 29. Strefy funkcjonalno- przestrzenne.

Wnioski z przeprowadzonych analiz

Teren opracowania znajduje się w malowniczej okolicy pełnej lasów oraz pól uprawnych. Sąsiaduje od strony południowej oraz zachodniej z działką rekreacyjną natomiast od strony północnej i wschodniej z mało uczęszczanymi drogami gruntowymi. Na obszarze zastosowano wielogatunkowe nasadzenia roślinne w zbyt dużej ilości jak na powierzchnię działki. Rośliny nie mają wystarczającej przestrzeni do pełnego rozwoju w związku z tym są narażone na większe ryzyko przenoszenia chorób. W części centralnej znajduje się trawnik o formie dywanowej, który z powodu niedoboru azotu jest miejscami zażółcony, przerośnięty chwastami oraz pokryty koniczyną. Działka narażona jest na znaczne nasłonecznienie w godzinach południowych. Tylko w okolicach tarasu, okna kuchennego oraz tam gdzie drzewa osiągnęły wysokość pow. 5m występuje cień. Na terenie posesji z wyjątkiem kilku starych płyt betonowych nie zastosowano żadnej nawierzchni utwardzonej, przez co w okresie jesieni oraz zimy w obrębie podjazdów oraz ciągów komunikacyjnych tworzy się błoto. Elementy wyposażenia znajdują się w złym stanie. Naokoło rabat zainstalowany został Rollboarder, który w obecnej chwili jest w stanie rozpadu. Również ognisko nie posiada uregulowanej granicy, co grozi rozprzestrzenieniem się niekontrolowanego ognia. Pod kuchennymi oknami widać obszary gdzie niegdyś były rabaty natomiast obecnie są to puste miejsca. Naturalnie wyodrębniły się stref parkingowa oraz wypoczynkowa gdzie znajduje się hamak. Z tarasu rozpościera się otwarcie widokowe ku północnemu- zachodowi, na zniszczone, pełne ubytków rabaty. Na podstawie analizy strefowej można wyodrębnić charakter obszarów użytkowanych przez właścicieli a co za tym można opracować odpowiednie założenia programowe.

Wytyczne projektowe

Po przeprowadzeniu analiz oraz określeniu wniosków zostały sporządzone następujące wytyczne projektowe:

Zaprojektowanie atrakcyjnych wizualnie nasadzeń

- Uśnięcie lub przesadzenie roślin tak by miały dostęp do światła oraz miejsce do prawidłowego rozwoju
- Ujednolicenie w miarę możliwości zestawienia gatunkowego roślin
- Usunięcie płotka oraz znalezienie skutecznego i trwałego sposobu na odizolowanie trawnika od reszty roślin
- Zaprojektowanie w miejscach przedeptów nawierzchni odpornej na wzmożone użytkowanie trawnika
- Utwardzenie nawierzchni wjazdu i wejścia oraz wymienienie nieatrakcyjnych płyt betonowych
- Wprowadzenie stref zapachowych w ogrodzie

- Zastosowanie nasadzeń roślinnych o zapachach przewidzianych dla danej strefy
- Zachowanie otwarć widokowych
- Dobór gatunków roślin z uwzględnieniem gleby oraz nasłonecznienia
- Dobór roślin tak by kwitły w okresach przebywania właścicieli na działce
- Stworzenie klombów okalających nie atrakcyjną podmurówkę domu

Opracowanie projektu

Założenia programowe

Na podstawie wytycznych projektowych, wniosków wyciągniętych z analiz oraz wywiadu z inwestorem powstał schemat funkcjonalno-przestrzenny. Zmodernizowano istniejące strefy użytkowe oraz wzbogacono opracowywany obszar o dodatkowe założenia programowe. Każda strefa cechować się będzie odpowiednio dla niej dobranymi zapachami.

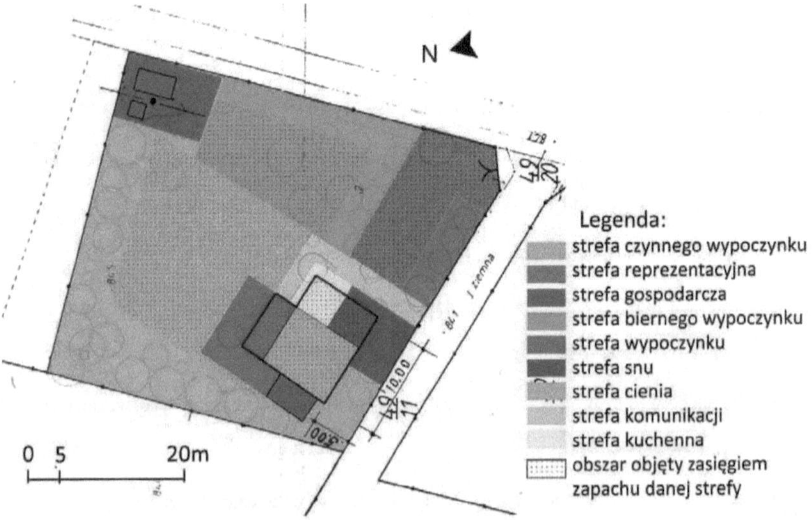

Ryc. 30. Założenia programowe.

Podsumowanie

Niniejsze opracowanie stanowi wzór wykonywania ekspertyz, w których głównym komponentem jest szata roślinna. Szata roślinna jest naturalnym indykatorem, który wykorzystuje się w ocenie zmian w środowisku (monitoring).

Analiza stanu szaty roślinnej pozwoli na określenie jej wartości oraz wyznaczenie obszarów atrakcyjnych i przydatnych dla potrzeb turystyki oraz rekreacji. Ponadto zdiagnozowanie gatunków cennych, umożliwi ich zachowanie a tym samym wpłynie na bioróżnorodność. Rozpoznanie roślinności jest również bardzo ważne w inwestycjach budowanych. Istotne jest prowadzenie działań budowlanych z jak najmniejszych negatywnym oddziaływaniem na szatę roślinną, jak i innych elementów środowiska.

Literatura

Andrzejewski R., red., 2003. *Kampinoski Park Narodowy Tom I. Przyroda Kampinoskiego Parku Narodowego*. Izabelin: Wyd. KPN.

Bachelard G., 1983. Water and Dreams. The Bacheladr Translations. Dallas: The Dallas Institute of Humanities and Culture.

Bajkiewicz-Grabowska E., Mikulski Z., 2007. Hydrologia ogólna. Warszawa: Wydawnictwo Naukowe PWN.

Baranowski A., 2007. Miejsce jako mikrośrodowisko codzienne. Czasopismo Techniczne, z.3-A/2007. Kraków: Wydawnictwo Politechniki Krakowskiej.

Bartkowski T., 1961. Próba oceny środowiska geograficznego metoda bonitacji (na przykładzie środkowej części Niziny Wielkopolskiej). Sprawozdania PTPN za III i IV kw. 1961, s. 319-325.

Bartkowski T., 1987. Lina kontaktu "woda-ląd" w jeziorach jako podstawowa kategoria funkcjonowania-programów rekreacyjnych nad jeziorami. Sprawozdanie Komitetu Fizjograficznego PTPN, nr 104. Poznań: Wydz. Matematyczno-Przyrodniczy.

Bogdanowski J., 1994. Metoda jednostek i wnętrz architektoniczno-krajobrazowych (JARK-WAK) w studiach i projektowaniu. Kraków: Politechnika Krajowska.

Boster R., Daniel T., 1976. Measuring Landscape Esthetics: The Scenic Beauty Estimation Method, USDA Forest Service Research Paper RM.

Burmil S, Daniel T., Hetherington J., 1999. Human values and perceptions of water in arid landscapes. Landscape and Urban Planning 44.

Depczyński W., Szamowski, A., 1999. Budowle i zbiorniki wodne. Warszawa: Oficyna Wydawnicza Politechniki Warszawskiej.

Ferchmin M., 1984. *Ścieżki poznawcze w Kampinoskim Parku Narodowym.* Parki Nar. Rez. Przyr. 5,2, s.81-84.

Fidler P., Andrzejewska, A., Dziekańska I., Dzierża P., Gatkowski D., Matysiak A., Okołów G., Otręba A., 2009. *Przewodnik Kampinoskiego Parku Narodowego Ścieżka dydaktyczna Wokół Opalenia.* Izabelin: Wydawnictwo KPN.

Herz L., 2002. *Puszcza kampinoska: przewodnik.* Pruszków, s.13-24, 30-32.

Hetherington J., Daniel T., Brown T., 1993. Is motion more important than it sounds? The medium of representation in environmental perception research. Journal of Environmental Psychology v.13.

Janeczko E., 2011. Waloryzacja krajobrazu leśnego wzdłuż szlaków komunikacyjnych. Warszawa: Wydawnictwo SGGW.

Januchta-Szostak A., 2008. Błękitna krew miasta. Woda jako ożywcza siła przestrzeni publicznych. Czasopismo Techniczne, z.3-A/2008. Kraków: Wydawnictwo Politechniki Krakowskiej.

Januchta-Szostak A., 2011a. Front wodny Poznania – Dolina Warty. Rewitalizacja związków z rzeką. Poznań: Wydawnictwo Politechniki Poznańskiej.

Januchta-Szostak A., 2011b. Usługi ekosystemów wodnych w miastach. Poznań: Wydawnictwo Politechniki Poznańskiej.

Kaplan R., 1977. Down the riverside: Information factors in waterscape preference. USDA Forest Service General Technical Rapport NC, v.28

Kostrowicki A., 1992. System "Człowiek - środowisko" w świetle teorii ocen. Prace geograficzne nr 156. Wrocław; Warszawa; Kraków: PAN instytut Geografii i Przestrzennego Zagospodarowania.

Krzymowska-Kostrowicka A., 1999. Kulturowe uwarunkowania oceny i waloryzacji krajobrazów turystyczno-rekreacyjnych (w:) M. Pietrzak (red.), Geoekologiczne podstawy badania i planowania krajobrazu rekreacyjnego, Problemy Ekologii Krajobrazu 5. Poznań: Akademia Wychowania Fizycznego im. E. Piaseckiego w Poznaniu, Polska Asocjacja Ekologii Krajobrazu.

Leszczycki S., 1938. Region Podhala. Podstawy geograficzno-gospodarcze planu regionalnego. Kraków.

Lifang C., Sianling Y., 1986. The Garden Art. Of China. Portland: Timber Press.

Litwin U., Bacior S., Piech I., 2009. Metodyka waloryzacji i oceny krajobrazu. Kraków: Uniwersytet Rolniczy w Krakowie.

Marsz A. 1972. Metoda obliczania pojemności rekreacyjnej ośrodków wypoczynkowych na Niżu, Prace Komisji Geograficzno-Geologicznej, PTPN, t. XII, z.3. Poznań: Wydz. Matematyczno-Przyrodniczy.

Matuszkiewicz W., 2001. Przewodnik do oznaczania zbiorowisk roślinnych Polski. PWN. Warszawa

Mirek Z. Piękoś-Mirkowa H., Zając A., Zając M. 2002. Krytyczna lista roślin naczyniowych Polski. *Pol. Bot. Stud., Guidebook* 15: 1-303

Norberg-Shulz C.,1980. Genius Loci. New York: Rizzoli.

Pawlaczyk P., 2002. Modele oddziaływań człowiek-przyroda jako podstawa określenia pojemności turystycznej parku narodowego. W: Użytkowanie turystyczne parków narodowych, Ojców: Instytut Ochrony Przyrody PAN, Ojcowski Park Narodowy. s 23-50.

Pluta A., 2007. Idea miasta - ogrodu - panaceum na rozproszenie miast. Warszawa: Wydawnictwo politechniki Warszawskiej

Richling A., 1982. Metody badań kompleksowej geografii fizycznej. Warszawa: PWN.

Wojciechowski K., 1986. Problemy percepcji i oceny estetycznej krajobrazu. Lublin: Uniwersytet Marii Curie-Skłodowskiej.

Żarska B. 2005. Ochrona krajobrazu. Warszawa: Wyd. SGGW

Krzymowska-Kostrowicka A., 1997. *Geologia Turystyki i wypoczynku.* Warszawa: Wydawnictwo Naukowe PWN.

Lewczuk H., red., 1998. *Ścieżki ekologiczne (dydaktyczne) w Naturalne środki dydaktyczne.* Białystok: Dział Wydawnictw i Poligrafii Politechniki Białostockiej.

Lubański A., 2009. *Kampinoski Park Narodowy.* Warszawa: Wydawnictwo KPN, s.1-3.

Lubański A., 2010. *Przyroda i historia Puszczy Kampinoskiej.* Warszawa: Wydawnictwo KPN.

Lubański A., 2009. *Kampinoski Park Narodowy – 50 lat.* Warszawa: Wydawnictwo KPN, s.1-10

Matuszkiewicz J. M., 2008. *Potential Natural vegetation of Poland (Potencjalna roślinność naturalna Polski*). Warszawa: IGiPZ, PAN.

Matuszkiewicz J.M., 2007. *Zespoły leśne Polski.* Warszawa: Wydawnictwo Naukowe PWN.

Misiak J., 2001. *Koncepcja turystycznego wykorzystania Kampinoskiego Parku Narodowego.* Zeszyt Naukowy nr. 1 (23). Warszawa: Wydawnictwo naukowe WSE.

Okołów Cz., 1984. *Zasady organizacji ścieżek przyrodniczych.* Parki Nar. Rez. Przyr. 5, 2, s.77-80.

Lewandowska A., 2007. *Puszczańską ścieżką do Leśnego ogródka Botanicznego*. Izabelin:

Stachyrak J., Wojnicki T. 1999. *Wytyczne do opracowania ścieżki przyrodniczej*. Krosno: Zarząd Karpackich Parków Krajobrazowych w Krośnie.

Trapp S., Gross M., Zimmerman R., 1994. *Signs, trails and wayside exhibits*. University of Wisconsin.

Wysocki Cz., Sikorski P., 2009. *Fitosocjologia stosowana w ochronie i kształtowaniu krajorazu*. Warszawa: Wydawnictwo SGGW.

Zarzycki K., Trzcuńska-Tacik H., Różański W., Szeląg Z., Wołek J., Korzeniak U., 2002. *Ecological indicator values of vascular plants of Poland*. Kraków: W. Szafer Institute of Botany, Polish Academy of Sciences.

Zarzycki K., Szafera W., 1972. *Szata roślinna Polski*. Warszawa: Państwowe Wydawnictwo Naukowe.

Akty prawne

- Miejscowy plan zagospodarowania przestrzennego - osiedla Białołęka Wieś (Dz. U. woj. mazowieckiego Nr 41 z dnia 25.02.2010 r. poz. 570)
- Projekt Miejscowego Planu zagospodarowania przestrzennego rejonu Brzezin
- Miejscowy plan zagospodarowania przestrzennego rejonu ulic Głębockiej i Malborskiej, zatwierdzony uchwałą Nr LIV/1533/2013
- Miejscowy plan zagospodarowania przestrzennego rejonu ulicy Ostródzkiej, zatwierdzony uchwałą nr XXXIX/1184/2008 z dnia 28 sierpnia 2008 r.
- Miejscowy plan zagospodarowania przestrzennego terenu osiedla Zacisze-Elsnerów zatwierdzony uchwałą Nr LXXXIV/2865/2006

- Miejscowy Plan Zagospodarowania Przestrzennego Targówka Fabrycznego w rejonie ulic: Rzecznej, Ziemowita i Klukowskiej (zatw. uchwałą Nr XXXIII/794/2012 Rady m.st. Warszawy)

FSC
www.fsc.org
MIX
Papier | Fördert
gute Waldnutzung
FSC® C083411

Kolibri 360 GmbH
Ferdinand-Jühlke-Straße 7
99095 Erfurt, Deutschland
produktsicherheit@kolibri360.de

Druck:
CPI Druckdienstleistungen GmbH
im Auftrag der
Kolibri 360 GmbH
Ferdinand-Jühlke-Str. 7
99095 Erfurt